Ibtisam Al-Badri

Modificação e utilização de ouro nanoporoso

Ibtisam Al-Badri

Modificação e utilização de ouro nanoporoso

ScienciaScripts

Imprint

Cover image: www.ingimage.com

This book is a translation from the original published under ISBN 978-3-330-33137-2.

Publisher:
Sciencia Scripts
is a trademark of
Dodo Books Indian Ocean Ltd. and OmniScriptum S.R.L publishing group

120 High Road, East Finchley, London, N2 9ED, United Kingdom
Str. Armeneasca 28/1, office 1, Chisinau MD-2012, Republic of Moldova, Europe
Printed at: see last page
ISBN: 978-620-8-21410-4

Modificação e utilização de ouro nanoporoso para absorção e libertação de fármacos

Ibtisam Al-Badri

Universidade de Missouri-St. Louis

RESUMO

O ouro nanoporoso (np-Au) é uma estrutura esponjosa de ouro que pode ser obtida através da remoção do elemento menos nobre da liga precursora, geralmente prata ou cobre, utilizando vários processos químicos ou electroquímicos. É constituída por bandas interconectadas e espaços entre as bandas, cuja largura pode variar entre alguns nanómetros e algumas centenas de nanómetros, o que lhe confere uma elevada relação superfície/volume. Devido às suas muitas propriedades importantes (por exemplo, condutividade, elevada relação superfície/volume, resposta plasmónica, biocompatibilidade, inércia química e robustez física), o np-Au é adequado para uma variedade de aplicações, incluindo como transdutor para biossensores, em catálise, para a separação de biomoléculas, como substrato para imobilização de enzimas e para administração de medicamentos.

A largura dos ligamentos e das lacunas do np-Au pode ser facilmente ajustada por diferentes condições durante o processo de pré-tratamento ou pós-tratamento, por exemplo, pelo tempo de permanência no banho de ácido e pelo recozimento subsequente (por exemplo, térmico, químico e eletroquímico), dependendo dos requisitos do estudo. O recozimento térmico é um método comum para afinar os ligamentos e o tamanho dos poros do np-Au. No entanto, os efeitos do recozimento térmico na modificação dos ligamentos e do tamanho dos poros ainda não foram totalmente investigados e requerem mais investigação. Investigámos os efeitos do tempo de recozimento e da espessura da amostra de np-Au na modificação dos ligamentos e dos espaços vazios. Além disso, utilizámos o método de revestimento electroless para revestir parcialmente os poros ou os espaços vazios da superfície sem alterar o interior do np-Au. O np-Au preparado foi então estudado como uma plataforma para o carregamento de moléculas e cinética de libertação para utilização potencial na administração de medicamentos. Descobrimos que uma simples deposição sem corrente de 1-5 minutos pode reduzir drasticamente a taxa de libertação de moléculas e que o carregamento de células de fluxo é o método preferido para carregar moléculas em np-Au em comparação com o método estático.

A estrutura dos monólitos de np-Au antes e depois da modificação foi caracterizada por espetroscopia de raios X por dispersão de energia (EDS) e microscopia eletrónica de varrimento (SEM), enquanto os estudos sobre a carga e a libertação das moléculas foram efectuados por espetrofotometria UV-Vis.

AGRADECIMENTOS

Gostaria de exprimir os meus sinceros agradecimentos ao meu orientador de investigação, o Professor Keith J. Stine, por me ter dado a oportunidade de realizar investigação no seu laboratório e pela sua orientação e ajuda para fazer avançar a investigação com êxito.

Gostaria também de agradecer aos Professores Philip Fraundorf e Eric Majzoub, membros do meu comité, pelas suas inestimáveis sugestões e pelo tempo que me dedicaram.

Gostaria de agradecer ao pessoal do laboratório do Prof. Stine, ao Dr. Jay K. Bhattarai, ao Dr. Allan J. Alla, ao Sr. Vasilii Mikhaylov e ao Sr. Dharmendra Neupane por terem criado um bom ambiente de trabalho no laboratório e pelo seu apoio direto ou indireto ao meu trabalho. Estou também grato ao Departamento de Física e Astronomia da Universidade de Missouri St. Louis (UMSL) por me ter proporcionado uma plataforma para este trabalho de investigação e por ter alargado os meus conhecimentos de física. Gostaria de agradecer ao Centro de Nanociências (Laboratório MIST) e ao Departamento de Química e Bioquímica da UMSL por me terem permitido utilizar as suas instalações. Gostaria também de agradecer às pessoas que me ajudaram muito durante a minha estadia nos Estados Unidos: Richard Schaefer, Alice B. Canavan e Fanta Coulibaly. Canavan e Fanta Coulibaly. Gostaria também de agradecer ao Dr. Haider S. Kadhim pela sua ajuda no processo de candidatura ao meu mestrado nos Estados Unidos.

Estarei sempre grato ao Governo iraquiano por me ter apoiado financeiramente e por me ter dado a oportunidade de estudar nos Estados Unidos.

Gostaria de agradecer à minha família o seu profundo amor e apoio: os meus falecidos pais (o meu pai, Sr. Mohammed Al-badri, a minha mãe, Sra. Khalidah Arif, e a minha sub-mãe, Sra. Nahida Arif), todas as minhas irmãs e o meu irmão. Todos eles desejaram que eu pudesse obter o meu mestrado nos Estados Unidos. Por último, gostaria de expressar o meu profundo amor ao meu precioso e carinhoso marido e aos meus adoráveis filhos pela sua compreensão e apoio de todas as formas possíveis ao longo dos anos.

"Nesta matéria e em todas as coisas, a glória pertence a Deus".

Resumo do conteúdo

Capítulo 1 6
Capítulo 2 22
Capítulo 3 38
Referências 47

Capítulo 1
Introdução

O ouro é utilizado há séculos pela sua beleza única e resistência à corrosão. Muitas culturas antigas começaram a utilizar o ouro em jóias e objectos cerimoniais, e esta prática continua até hoje. Nos últimos anos, o ouro tem sido amplamente utilizado na eletrónica e noutros sectores industriais devido à sua notável condutividade e resistência à corrosão. O ouro nanoporoso (np-Au), em particular, oferece um aumento único da área de superfície que o torna particularmente útil em comparação com ligas ou placas metálicas ou películas finas.[1] Nas últimas décadas, o np-Au tem atraído um interesse crescente na investigação e desenvolvimento, não só devido ao aumento da área de superfície, mas também devido a outras caraterísticas únicas, tais como propriedades ópticas melhoradas e propriedades de ligação aos tióis.[2-3] Estas propriedades tornam a np-Au atractiva para utilização numa grande variedade de aplicações biomédicas e industriais modernas. [4-56-78-910-1112-1314]As aplicações da np-Au incluem imunoensaios e sensores, deteção e separação de proteínas em , estudo das interações proteína-carbohidrato em , ressonância plasmónica de superfície localizada em , síntese orgânica assistida, catálise em e armazenamento de energia.[15]

Os ligamentos e os espaços (tamanho dos poros) da np-Au são caraterísticas de grande importância para as aplicações em que é utilizada. A largura dos ligamentos e dos poros da np-Au pode ser controlada e modificada durante ou após o fabrico da np-Au. A estrutura é normalmente criada pelo método de corrosão química húmida, que envolve a imersão de uma liga de ouro num banho de ácido que dissolve os metais menos nobres e cria uma estrutura nanoporosa.[16] Este método produz estruturas uniformemente porosas com um tamanho de poro de apenas 10 nm. As bandas resultantes e o tamanho dos poros podem ser controlados pela duração do banho de ácido e pelas técnicas de pós-cozimento. Para a utilização do np-Au numa variedade de aplicações, é essencial continuar a investigação sobre a afinação efectiva e a previsão dos ligamentos e do tamanho dos poros.

1.1 Nanoestruturas e nanoporos em metais

As nanoestruturas metálicas podem ser fabricadas em diferentes formas (por exemplo, esferas, cubos, estrelas, varetas, tubos, películas, etc.) e diferentes estruturas são adequadas para diferentes aplicações. As nanoestruturas metálicas são classificadas em estruturas 0, 1, 2 e 3D, consoante a presença de pelo menos uma dimensão com um tamanho de 1 a 100 nm.[17-18] Um exemplo de uma nanoestrutura 0-D é uma nanopartícula cujas três dimensões se situam todas na gama dos nanómetros. Se uma das três dimensões da estrutura não se situar à escala nanométrica (nano-hastes suficientemente longas), diz-se que a nanoestrutura é 1-D. Se duas das três dimensões não estiverem à escala nanométrica (por exemplo, nanofilmes), é classificada como 2-D. Se nenhuma das três dimensões do material for à escala nanométrica, mas a superfície de uma delas for constituída por elementos à escala nanométrica, a estrutura é classificada como 3-D. Os nanocompósitos e os nanocristalitos são exemplos desta situação, Figura 1.[19] Os metais nanoporosos monolíticos têm três dimensões que não estão à escala nanométrica. No entanto, a largura das bandas está na escala nanométrica em todas as três dimensões, o que as torna nanoestruturas 3D de acordo com esta classificação. No entanto, se apenas forem consideradas as caraterísticas à escala nanométrica da superfície, os padrões repetitivos de bandas e vacâncias tornam os metais nanoporosos nanoestruturas 1-D com larguras de banda típicas inferiores a 100 nm.

Dimensions	Nanoscale Dimension
0-D 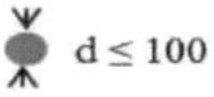 $d \leq 100$	All the three dimensions at nanoscale e.g., nanoparticles
1-D  $d \leq 100$, L	Two dimensions at nanoscale, L is not e.g., nanorods, nanotubes
2-D 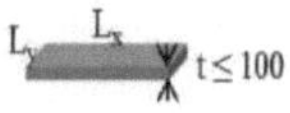 L_y L_x $t \leq 100$	One dimension (t) at nanoscale, other two are not e.g., thin nanofilms
3-D  L_x L_y L_z	All the three dimensions are not at nanoscale e.g., nanocrystalline and nanocomposite materials

Cu.[23-24] Mostraram também que a estrutura porosa uniforme do NPC pode ser obtida a partir de um ou de uma combinação de compostos intermetálicos Al2Cu e AlCu por metalização com uma solução de NaOH. Para além disso, a estrutura porosa do NPC pode ser modulada através da simples alteração da solução de desalocação. Nas experiências, foi fabricada uma fita de cobre nanoporosa, exibindo uma estrutura de canal de ligamento aberta, bicontínua e interpenetrante. Dan et al. descrevem o fabrico de cobre nanoporoso a partir de uma liga de Ti-Cu, utilizando ácido fluorídrico em vez dos precursores mais típicos Al-Cu, Mn-Cu ou Al-Zn-Cu.[25] Liu et al. descrevem a produção de cobre nanoporoso a partir de um precursor Mg-Cu numa solução de HCl à temperatura ambiente.[26] Investigaram a utilização da desalogenação química de uma liga de Mg-Cu bifásica (12 % atómica de Cu) fundida com as fases a-Mg e Mg2Cu em solução de HCl à temperatura ambiente para produzir bandas NPC monolíticas com uma área de superfície específica ultra-elevada. Liu et al. verificaram que a liga de Mg bifásica podia ser totalmente desmetalizada, permitindo a formação de fitas de NPC uniformemente estruturadas com poros de dimensões relativamente grandes em comparação com as dimensões dos ligamentos.[26] A investigação atual centra-se na utilização de espuma de zinco nanoporosa para ânodos de baterias. [2728]O níquel Raney, desenvolvido por Murray Raney, é obtido a partir de uma liga de Ni-Al e tem sido utilizado como catalisador desde os anos 40 devido à sua elevada atividade catalítica à temperatura ambiente.

O método geralmente utilizado para produzir estes metais nanoporosos consiste em expor a liga binária ou ternária a um banho de ácido ou de base. Um dos elementos da liga ou do composto intermetálico é então removido por um processo de dissolução química. Em alternativa, um elemento pode ser removido por eletrólise numa solução electrolítica. A remoção de um dos elementos da liga deixa uma estrutura nanoporosa com poros da ordem de alguns a dez nanómetros, dependendo das condições de fabrico. As diferentes utilizações dos metais porosos dependem do tamanho dos poros e da morfologia de cada material poroso. Embora tenham sido estudadas várias ligas e metais, este trabalho centra-se nas propriedades e utilizações do np-Au. Para uma análise geral, a discussão sobre o np-Au pode ser dividida, grosso modo, em fabrico, caraterização e aplicações. Cada uma destas áreas é brevemente discutida nas secções seguintes.

1.2 Produção de ouro nanoporoso

O ouro nanoporoso é uma estrutura esponjosa de ouro com poros (também designados por espaços entre bandas) e bandas interligadas definidas pela sua largura. Quando o elemento menos nobre da liga precursora, normalmente a prata ou o cobre, é removido, o ouro remanescente forma ilhas aleatórias que depois se transformam em bandas interligadas, desde que a proporção de ouro se situe entre 20 e 50%. O grau de aspereza dos poros e das bandas depende do método de fabrico. A largura dos ligamentos de ouro nanoporoso e os espaços entre eles situam-se geralmente entre alguns nanómetros e algumas centenas de nanómetros.[29] Erlebacher et al. propuseram um modelo contínuo do processo de liga de uma liga de ouro-prata (Au-Ag) e indicaram que a nanoporosidade produzida durante a liga metálica se devia a um processo intrínseco de modelação dinâmica, em que os poros se formam devido à agregação quimicamente induzida de átomos de ouro num processo de separação de fases.[30]

O np-Au é geralmente produzido através de um de dois processos: técnicas electrolíticas ou dissolução selectiva, ambos também conhecidos como "dealloying". Ambos os processos começam com uma amostra da liga precursora. No método eletrolítico, a amostra é colocada numa solução ácida diluída, geralmente ácido perclórico, ácido nítrico ou nitrato de potássio, e é aplicado um potencial anódico controlado. Detsi et al. fizeram experiências com uma liga cuja composição atómica percentual é $Au_{25}Ag_{75}$ e utilizaram ácido perclórico 1 M para dissolver a prata numa célula eletroquímica de três eléctrodos.[31] Controlaram a taxa de dissolução da prata variando o potencial aplicado entre 0,8 e 1,3 V. Verificaram que a taxa de dissolução dos átomos de prata era maior a potenciais mais elevados. A 0,8 V, a dissolução da prata demora cerca de 15 horas, enquanto a 1,3 V, o mesmo processo pode ser concluído numa hora. Seker et al. indicam que o método eletrolítico tem parâmetros mais controláveis e conduz a uma porosidade mais fina, mas não é adequado para determinadas situações.[31] O grupo de Okman indica que o método eletroquímico de liga em soluções ácidas é uma melhor alternativa à corrosão livre, uma vez que permite um controlo preciso do potencial e, por conseguinte, um melhor controlo da taxa de dissolução da Ag.[32] No caso da corrosão livre, por outro lado, a taxa de dissolução da Ag é determinada apenas pela concentração do eletrólito e pela temperatura. As folhas de Au np sem fissuras são produzidas enquanto flutuam num eletrólito neutro, para o qual são relatados tamanhos de poros mais pequenos (< 10 nm) do que na corrosão livre. Noutros casos, a desalogenação é aplicada por imersão direta num banho de ácido durante um período de tempo crescente. Snyder et al. demonstram que pequenas quantidades de Pt adicionadas a ligas precursoras Ag/Au conduzem, aquando da liga, a um novo metal ultraporoso com um tamanho de poro inferior a 4 nm, uma estrutura auto-organizadora do tipo núcleo-casca com uma casca rica em Pt e uma estabilidade notável contra o engrossamento devido à lenta difusão superficial da Pt.[33] Para além da composição da liga precursora, a força e o tipo de ácido utilizado no fabrico do np-Au, bem como a duração da exposição ao banho de ácido, têm efeitos mensuráveis e importantes na configuração da nanoestrutura do produto final.

As ligas precursoras Ag/Au dão origem, durante a formação da liga, a um novo metal ultraporoso com um tamanho de poro inferior a 4 nm, uma estrutura de núcleo-casca auto-organizadora e uma estabilidade notável contra a ampliação.

Em ambos os métodos de liga, a reação de dissolução começa na superfície exterior da amostra. No caso de uma liga de ouro-prata, por exemplo, aparecem pequenas ilhas de ouro quando a prata é lixiviada. Erlebacher et al. descrevem que o processo começa quando um átomo de prata é dissolvido, deixando um vazio no terraço.[30] Os átomos de Ag que coordenam este vazio têm agora menos vizinhos laterais e são, portanto, mais vulneráveis à dissolução. O resultado é que o terraço é erodido e os átomos de ouro permanecem sem coordenação lateral. Antes de a camada seguinte ser atacada e começar a dissolver-se, os átomos de ouro difundem-se e começam a aglomerar-se em ilhas aleatórias. O resultado é uma superfície composta por dois tipos diferentes de áreas: aglomerados de ouro puro e áreas de liga exposta que são susceptíveis de dissolução posterior. Quanto mais prata é dissolvida, mais átomos de ouro são libertados na superfície. À medida que o ouro continua a formar aglomerados e cada vez mais áreas são minadas pela dissolução da prata, o processo leva à formação de buracos e porosidade. À medida que a porosidade se forma, a decomposição tem lugar numa superfície irregular e tridimensional cuja área está constantemente a aumentar. [34]A dimensão dos poros e das bandas e a estrutura da porosidade são influenciadas pelo tipo de liga utilizada e por outros factores, como o potencial anódico, o tipo de ácido utilizado, a temperatura da solução, etc. O processo de eliminação da liga no ácido conduz a uma porosidade mais grosseira.

A forma e o tamanho dos interstícios e das bandas de np-Au dependem de uma série de factores. [34] [16] Estes incluem o tipo de liga e o rácio de composição, o ambiente corrosivo, o tempo de deposição e o potencial de deposição, bem como a temperatura de deposição.[35]

Detsi et al. concluíram que a relação entre o potencial de desalinhamento e o tamanho da estrutura é linear numa gama de potenciais de 0,8 a 1,3 V e que um potencial de desalinhamento baixo conduz a diâmetros de poros maiores em comparação com as bandas e que potenciais mais elevados conduzem a um tamanho comparável de bandas e poros.[31] Noutros estudos, o mesmo grupo confirmou que a morfologia das camadas de ouro nanoporoso estava relacionada com as estruturas de microfita nos precursores.[36] Concluíram que a morfologia multicamada no seu np-Au está diretamente relacionada com a evolução da textura da camada precursora da liga.

Uma vez formado o np-Au, este pode ainda ser manipulado por recozimento térmico ou eletroquímico, que promove a difusão superficial dos átomos de ouro. [3738]A largura dos espaços entre as tiras e as tiras pode ainda ser ajustada por recozimento a diferentes temperaturas durante diferentes tempos ou por ciclos de potencial para um número diferente de ciclos em diferentes soluções de electrólitos.

A taxa de recozimento depende da intensidade da adsorção de iões e da cobertura da superfície, que variam com o potencial.[38] Detsi et al. referiram que, para o np-Au produzido por designição a um potencial fixo, o tamanho da fenda e a largura do ligamento não seriam os mesmos.[39] Sharma et al. referiram que a largura média do ligamento e o tamanho da lacuna diminuem quando a desalogenação é efectuada a potenciais mais elevados, de modo que cada um deles atinge quase 3,6 nm.[38]

O recozimento térmico é um processo comum para melhorar a maleabilidade dos metais. No caso do np-Au, o recozimento térmico resulta num aumento do tamanho dos poros, pelo que o processo é útil quando o tamanho dos poros e a área de superfície são de importância crítica, por exemplo, na espetroscopia Raman de superfície melhorada, nos catalisadores e na absorção de biomoléculas.[40] A difusão superficial dos átomos de Au aumenta com a temperatura e favorece o processo de recozimento. [38]

Sharma et al. indicam que a difusão superficial do ouro em soluções electrolíticas desempenha um papel decisivo na taxa de recozimento do np-Au. [38-142-1]Os coeficientes de difusão superficial em soluções electrolíticas são da ordem dos 10 cm s . [-16-202-138]Quando determinados no vácuo ou no ar, os coeficientes de difusão são muito inferiores, da ordem de 10 -10 cm s . O valor dos coeficientes de difusão também aumenta com o potencial aplicado e com o aumento da temperatura. Sharma et al. concluíram que a dependência dos coeficientes de difusão superficial em relação à temperatura, ao potencial aplicado e à presença de aniões adsorvidos é crucial para compreender o engrossamento das superfícies rugosas de ouro e conduz a alterações na topografia da superfície e no comportamento de recozimento do np-Au.[38]

Blanckenhagen et al. estudaram os efeitos da modificação direta da superfície e examinaram a constante de difusão numa superfície de ouro policristalino numa gama de temperaturas de 300 K a 773 K. Os resultados deste estudo revelaram que a estrutura da superfície de ouro policristalino não foi modificada.[41] A porosidade de todas as estruturas independentes de np-Au diminuiu com o aumento da temperatura.[40] Seker et al. compararam o np-Au recozido a 200°C, 300°C e 400°C e descobriram que o recozimento causava alterações significativas na espessura da camada e no tamanho médio dos poros.[42] A 300°C, formam-se aglomerados de Au claramente identificáveis e o tamanho dos poros aumenta drasticamente. Entre 300°C e 400°C, a espessura da camada diminui, o que não é atualmente compreendido. Os aglomerados de Au completamente densos são ligeiramente maiores e o tamanho médio dos poros diminui ligeiramente a 400°C; isto significa que, a temperaturas mais elevadas, há alterações fundamentais na evolução da morfologia, que são compensadas por mecanismos activados termicamente, como a migração da superfície, a fluência e a interdifusão.

O espaçamento entre bandas também pode ser aumentado de forma controlada por recozimento eletroquímico. Sharma et al. compararam o recozimento da superfície em diferentes electrólitos após recozimento durante 50 ciclos redox.[38] Efectuando análises de potencial cíclico para um número diferente de ciclos em diferentes soluções de electrólitos e examinando o tamanho dos poros a cada 5 ciclos, concluíram que a ciclagem pode levar a um aumento significativo do espaçamento médio entre bandas e da largura de banda. A ciclagem conduz a um material em que o espaço médio do interligamento é superior à largura média do ligamento.[38] Concluíram que a medição da área de superfície eletroquímica do np-Au pelo método de decapagem do óxido de ouro proporcionava uma melhor aproximação do que a utilização de uma sonda redox difusora. Sharma et al. procederam ao recozimento com três soluções diferentes de electrólitos de recozimento: KCl, $NaNO_3$ e $NaClO_4$. Obtiveram resultados diferentes, relacionados com a intensidade da adsorção de aniões na superfície de ouro e o seu efeito na difusão da superfície de Au. Verificaram que o recozimento máximo ocorre numa solução de cloreto, mas com uma perda significativa de ouro para a solução sob a forma de complexação. Sugerem que o recozimento eletroquímico pode ser uma alternativa útil ao recozimento térmico ou à imersão em ácido durante um período prolongado.

As vantagens do método de fabrico eletroquímico de nanoestruturas metálicas em relação a outras técnicas residem no facto de as estruturas poderem ser formadas sem modelos, tensioactivos ou outros estabilizadores que possam introduzir impurezas.[43-44]

1.3 Métodos de caraterização do ouro nanoporoso

O ouro nanoporoso é muito atrativo devido à sua estrutura e porosidade. [45]A área de superfície total pode ser estimada por adsorção de gás e métodos electroquímicos, como a espetroscopia de impedância eletroquímica e a formação e redução de uma monocamada de óxido de ouro.[38]

A caraterização do ouro nanoporoso ou de outros materiais relacionados pode também ser realizada utilizando a microscopia eletrónica de varrimento; medições de adsorção de gás da superfície (seguidas de um ajuste a uma isotérmica de adsorção, como o modelo de Langmuir ou Brunauer-Emmett-Teller (BET) ou outros modelos); análise termogravimétrica e métodos electroquímicos para a superfície.

A microscopia eletrónica, incluindo a microscopia eletrónica de varrimento (SEM) e a microscopia eletrónica de transmissão (TEM), é um método comum para caraterizar os revestimentos de superfície de nanopartículas. A microscopia eletrónica pode ser utilizada para medir o tamanho das bandas e fissuras, bem como a uniformidade. A microscopia eletrónica pode ser utilizada para avaliar a presença de revestimentos de nanopartículas em nanopartículas secas e pode ser acoplada a detectores secundários para permitir a análise da composição elementar.[46] A preparação da amostra para a obtenção de imagens, o estabelecimento de estatísticas relevantes e a compreensão dos dados podem ser entediantes.

Os métodos de adsorção de gás envolvem a medição da quantidade de gás N2 adsorvido em função da pressão parcial de N2 a 77 K, tanto à medida que a pressão parcial aumenta como à medida que diminui, para obter uma etapa de adsorção isotérmica e depois uma etapa de dessorção. Outros gases, como o crípton, podem ser utilizados para medir áreas de superfície mais pequenas, mas não são utilizados com tanta frequência.[47] A análise da superfície é frequentemente efectuada através do método Brunauer-Emmett-Teller (BET), sendo a distribuição da dimensão dos poros determinada através da análise Barrett-Joyner-Halenda (BJH). A análise BET fornece uma avaliação exacta da área de superfície específica dos materiais. Este método foi proposto por Brunauer, Emmett e Teller e baseia-se nos seguintes pressupostos: A superfície do adsorvente é homogénea, a interação entre o adsorvente e o adsorvato é mais forte do que a interação entre o adsorvente e o adsorvato, a interação das moléculas adsorvidas é considerada apenas na direção perpendicular à superfície e é considerada como condensação. [482]Utiliza a adsorção multicamada de azoto, medida em função da pressão relativa de N2 P/P0, em que P0 é a pressão de vapor de N2 a 77 K e P/P0 varia entre 0 e 1. A técnica inclui avaliações da área de superfície externa e da área de superfície dos poros para determinar a área de superfície específica total em m /g, o que fornece informações importantes para o estudo dos efeitos da porosidade e da dimensão das partículas em muitas aplicações. O método Barrett-Joyner-Halenda (BJH), proposto em 1951, foi originalmente desenvolvido para adsorventes de poros relativamente grandes com uma ampla distribuição de tamanho de poro. No entanto, tem sido repetidamente demonstrado que pode ser aplicado com sucesso a praticamente qualquer tipo de material poroso. O modelo baseia-se no pressuposto de que os poros têm uma forma cilíndrica e de que o raio do poro é igual à soma do raio Kelvin e da espessura da película adsorvida na parede do poro.[49]

Cada um destes processos é utilizado imediatamente antes das medições electroquímicas ou das etapas de derivatização, uma vez que a superfície de ouro purificado é reactiva e absorve as impurezas da atmosfera. Um passo comum na maioria dos procedimentos electroquímicos é um tratamento oxidativo para decompor e remover o material adsorvido e formar uma camada hidrofílica de óxidos de ouro na superfície, que pode então ser reduzida novamente a ouro, criando uma superfície de ouro limpa. A oxidação química com uma solução de piranha (uma mistura de H2SO4 e H2O2 concentrados) e o tratamento num plasma de oxigénio ou com ozono são frequentemente utilizados.[50-51] Em alguns processos, uma fina camada de ouro é removida pela ação da água régia (uma mistura de ácido clorídrico e ácido nítrico). Foi referido que, após a oxidação, é necessária uma nova redução do óxido de ouro formado para obter SAMs de boa qualidade. Isto pode ser facilmente conseguido, por exemplo, por imersão em etanol. Ron e Rubinstein verificaram que 10 minutos em etanol eram suficientes para reduzir completamente o óxido de ouro formado por 6 minutos de oxidação por plasma.[52] Sharma et al. descrevem a utilização de vários ciclos de limpeza da superfície com ácido sulfúrico (H2SO4).[38] Verificaram que duas passagens sucessivas de oxidação em H2SO4 não alteravam o aspeto da estrutura au np. Outras investigações efectuadas por Dong e Cao indicaram que um grande número de varrimentos (100-200) poderia conduzir a um engrossamento do material.[53]

A análise termogravimétrica (TGA) é um método analítico simples que, em geral, não requer uma preparação especial da amostra para além da secagem. A investigação demonstrou que a TGA pode ser utilizada de forma fiável para avaliar a pureza e caraterizar os nanomateriais.[54] A análise termogravimétrica envolve o aquecimento de materiais a temperaturas elevadas enquanto se monitoriza a massa da amostra, permitindo a obtenção da curva de decomposição. A análise da curva de decomposição permite determinar a temperatura de oxidação e a massa residual da amostra.[46] A utilização de TGA foi também descrita por Tan et al. para determinar a massa de moléculas orgânicas na superfície de amostras de np-Au após envelhecimento.[55] Estes autores verificaram que a análise TGA era um método muito adequado para determinar a carga superficial dos SAMS em monólitos de np-Au de tamanho suficiente. O grupo verificou que a sensibilidade da TGA às alterações de massa na superfície dos monólitos do tamanho utilizado neste estudo era comparável numa base de superfície.

1.4 Aplicações de ouro nanoporoso

O ouro nanoporoso é de grande interesse para os cientistas devido à sua relação superfície/volume, facilidade de fabrico e modificação, biocompatibilidade, condutividade, estabilidade química e física e propriedades regenerativas.[56] Algumas utilizações documentadas foram descritas desde a antiguidade nalgumas culturas muito antigas. Erlebacher et al. mencionam brevemente a utilização pelos primeiros ourives andinos para melhorar a superfície de objectos de liga de ouro através do método de dissolução selectiva do teor de cobre da liga.[30] A recente procura de ouro para fins tecnológicos nas indústrias biomédica e eletrónica conduziu a um interesse sustentado na investigação e análise.

A investigação moderna sobre o np-Au e a sua utilização é um fenómeno relativamente recente. Lefebvre et al. descrevem a investigação para comercializar materiais relacionados mas diferentes, conhecidos como espumas metálicas, como activos na década de 1950 nos EUA durante um período de cerca de dez anos.[57] Referem que a segunda vaga de investigação e desenvolvimento comercial teve lugar na década de 1990. Desde o final da década de 1990, o interesse tem sido tal que se realiza de dois em dois anos uma conferência, a Metafoam, para debater os metais expandidos em geral. Seker et al. documentam igualmente a recente vaga de interesse pela utilização e produção de np-Au em particular.[58] Este interesse renovado é ilustrado pela publicação de cerca de 25 artigos científicos sobre o np-Au entre 1992 e 2005, que aumentou para mais de 80 artigos entre 2006 e 2009 e continua a aumentar até à atualidade. Seker et al (2009) salientam que existem ainda muitas propriedades inexploradas deste material, incluindo a funcionalização da superfície e as aplicações biológicas.[58] Dixon et al (2006) descrevem o grande interesse no np-Au, em particular devido às múltiplas respostas electromagnéticas das nanoestruturas de ouro, incluindo películas finas planas, matrizes periódicas, superfícies rugosas e matrizes de nanopartículas, bem como a capacidade das superfícies de np-Au para suportar a química de funcionalização de monocamadas auto-organizadas.[59] A estrutura nanoporosa tem uma área de superfície pelo menos 100 vezes superior à do ouro plano com a mesma área geométrica, o que a torna mais adequada para uma grande variedade de aplicações.

Weissmuller et al. demonstraram que os metais nanoporosos apresentam propriedades de arrastamento devido à sua grande relação superfície/volume e à considerável carga induzida na sua superfície.[60] O ouro nanoporoso foi utilizado como um atuador impulsionado pela química da superfície, que converte a energia química numa reação mecânica.[43] Biener et al. demonstraram que é possível realizar actuadores impulsionados pela química de superfície em materiais de grande área superficial, como o np-Au 43. Obtiveram amplitudes de alongamento reversíveis da ordem de alguns décimos de percentagem expondo alternadamente o np-Au ao ozono e ao monóxido de carbono. O efeito pode ser explicado por alterações na tensão superficial induzidas pelo adsorvente.

Wang et al. descreveram a síntese controlada de nanomateriais de casca dendrítica com núcleo de Au/Pt para utilização como electrocatalisadores eficientes em células de combustível.[61] Yan et al. estudaram a utilização de np-Au numa célula de combustível de hidrazina líquida direta/peróxido de hidrogénio N2H4/H2O2 (DHHPFC).[62] As DHHPFC são conhecidas por serem uma fonte de energia única para aplicações independentes do ar em condições extremas, como no espaço e debaixo de água. Yan et al. descobriram que a folha de ouro nanoporosa, utilizada como catalisador anódico e catódico, é capaz de alimentar uma célula de combustível com uma potência específica pelo menos uma ordem de grandeza superior à da Pt/C nas mesmas condições de ensaio. Os autores demonstraram que o np-Au descarregado como uma folha autónoma (np-AuL) pode funcionar como um novo tipo de electrocatalisador tanto no ânodo como no cátodo de uma célula de combustível de hidrazina/peróxido de hidrogénio. 24Isto deve-se à elevada atividade electrocatalítica da np-AuL em termos de oxidação de N H e redução de H2O2, um comportamento não facilmente observado com eléctrodos de Au planos.

Pornsuriyasak et al. investigaram a utilização de np-Au como uma nova tecnologia para a síntese iterativa de hidratos de carbono ligada à superfície (STICS).[63] Fabricaram um "bastão" de ouro poroso quimicamente estável, com uma grande área de superfície, que permitiu a síntese económica e simples de oligossacáridos. No final da síntese, o bastão de np-Au podia ser reutilizado para sínteses posteriores, uma vez retirado o oligossacárido. Ganesh et al. demonstraram a utilização de STICS com uma configuração baseada em HPLC.[64] Pegaram em np-Au recentemente separado e colocaram-no durante dez horas sob árgon numa solução de aceitador glicosil conjugado com ácido lipóico e éster metílico de ácido lipóico. As pastilhas carregadas foram então transferidas para uma coluna ligada a um sistema HPLC para serem utilizadas em glicosilações subsequentes. Os investigadores mostraram que a utilização de SAMs mistas ajudou a criar o espaço necessário para a reação em torno do espaçador imobilizado. O aceitador de glicosilo com o espaçador mais longo tinha uma maior tendência para imitar um ambiente de reação na fase de dissolução do que os aceitadores com espaçadores mais curtos.[64] Tan et al. demonstraram a funcionalização, a resistência à adsorção não específica, a estabilidade em condições de fluxo, a seletividade na ligação de proteínas e a eluição bem sucedida de proteínas.[7] A portabilidade dos monólitos de np-Au, a sua flexibilidade em termos de tamanho e forma e o facto de os monólitos com diferentes modificações de superfície poderem ser dispostos em sequência em sistemas de fluxo contínuo sugerem a possibilidade de os utilizar em sistemas modulares para a separação de biomoléculas, libertação controlada ou captura selectiva.

[1465]O ouro nanoporoso tem sido utilizado como catalisador numa variedade de aplicações, incluindo a oxidação do monóxido de carbono a baixas temperaturas, a redução do oxigénio em água e a oxidação aeróbica da D-glucose em ácido D-glucónico 66. Deronzier et al. demonstraram que os catalisadores de liga de np-Au apresentavam uma elevada atividade para a oxidação de CO e/ou H2 e uma seletividade excecionalmente elevada a baixa temperatura para a oxidação de CO na presença de H2, em comparação com os catalisadores metálicos de Au ou Ag, indicando um efeito sinérgico entre Au e Ag.[67] Deronzier et al. realizaram experiências de difusão de iões de baixa energia que forneceram dados sobre a composição da camada atómica superior, ou seja, onde ocorrem as reacções catalíticas, e lhes permitiram estabelecer uma correlação clara entre a concentração superficial da camada superior e a reatividade.[67]

[68]Hu et al. fizeram experiências com um sensor eletroquímico sensível de ADN baseado em eléctrodos de ouro nanoporoso (np-Au) e nanopartículas de Au codificadas multifuncionalmente (AuNP). Foi produzido um biossensor de ADN através da imobilização da sonda de captura de ADN no elétrodo de np-Au e da sua hibridação. Utilizaram as vantagens dos efeitos de amplificação dupla do elétrodo np-Au e das AuNPs codificadas multifuncionais. [-12]Este biossensor de ADN foi capaz de detetar quantitativamente o alvo de ADN, na gama 8,0 x 10-17-1,6 x 10 M, com um limite de deteção de apenas 28 aM, e mostrou uma excelente seletividade mesmo para a deteção de uma única cadeia de ADN não compatível. [697, 58, 70]O np-Au foi também utilizado em aplicações biomédicas como biossensor em sistemas de glucose para a deteção de glucose e proteínas na urina e em muitas outras aplicações biológicas.

[68]Hu et al. demonstraram que o catalisador AuNPore sem suporte é um catalisador heterogéneo eficaz para a semi-hidrogenação selectiva de alcinos, enquanto o ouro sem suporte era anteriormente conhecido por ser inativo para a hidrogenação.[71] Além disso, o catalisador AuNPore é facilmente recuperável e pode ser reutilizado várias vezes sem lixiviação ou perda de atividade.

Investigações recentes mostraram que o np-Au é útil para imobilizar várias enzimas. [7273]Os exemplos incluem estudos sobre a bilirrubina, a lacase oxidase, a lipase e a catalase. O grupo Stine descreveu a utilização de np-Au para a imobilização de enzimas.[59] Descobriram que a imobilização covalente da enzima pode ser conseguida formando primeiro uma monocamada auto-organizada em np-Au com um grupo funcional reativo terminal, seguida de conjugação com a enzima através de ligações amida aos resíduos de lisina.[67]

O ouro nanoporoso também pode ser utilizado em aplicações que exijam a libertação medida de moléculas. [74]Para investigar o impacto da morfologia da película fina na cinética de libertação, estudaram as propriedades de libertação de amostras de au np de diferentes espessuras. Também estudaram os efeitos do tamanho dos poros e da morfologia geral. No seu estudo, demonstraram que a capacidade de carga da substância ativa e a cinética de libertação das películas finas de np-Au podem ser ajustadas modulando a espessura e a morfologia da película de np-Au.[74]

1.5 Depósito de ouro sem corrente

A deposição química é um processo de deposição de um revestimento que utiliza um agente redutor químico em solução e sem a entrada de energia eléctrica externa.[75] O processo básico da deposição electroless é o seguinte: os electrões da oxidação heterogénea de um agente redutor numa zona cataliticamente ativa da superfície reduzem os iões metálicos a átomos metálicos, que são depositados na superfície. Em condições adequadas e com uma superfície preparada, é depositada uma película contínua.

O termo "revestimento electroless", inicialmente utilizado apenas para os processos electroless, é agora utilizado para designar três tipos de processos: processos electroless, processos de deslocamento galvânico e processos catalisados pelo substrato.[76-77] No caso da deslocação galvânica ou imersão, não é utilizado qualquer agente redutor na formulação do banho; os processos autocatalíticos e catalisados pelo substrato contêm ambos um agente redutor em solução. No caso da deposição electroless, o processo continua indefinidamente, resultando numa camada espessa de ouro depositado. Okinaka e Kato referem que a galvanoplastia tem, em princípio, uma clara vantagem sobre a eletrodeposição, uma vez que minimiza o número de passos de processamento quando o ouro é necessário em áreas que estão eletricamente isoladas umas das outras.[78]

No caso do revestimento eletrolítico de substratos, a reação ocorre por catálise do substrato ou por deslocamento galvânico. Okinaka descobriu que a metalização electrolítica de metais preciosos como Pd, Rh, Ag e Au é catalítica, enquanto a metalização de metais activos como Cu, Ni, Fe e respectivas ligas é iniciada por deslocamento galvânico.[79]

Uma reação de deslocamento ocorre quando um ião de um metal menos ativo é reduzido e depositado sobre um metal mais ativo que é oxidado. [80]Nos processos de electrodeslocamento, não existe geralmente qualquer agente redutor na formulação do banho. estudaram a deposição de ouro por electrodeslocamento em superfícies semicondutoras e a influência do substrato na adesão. Estudaram camadas finas de ouro depositadas em substratos de Si e Ge por deslocação galvânica a partir de soluções contendo fluoreto. Concluíram que as películas de ouro deslocadas apresentavam uma forte adesão em substratos de germânio, mas não em silício, devido à ligação química na interface Au-Ge. Srikanth e Jeevanandam investigaram as diferenças entre a eletrodeposição e a eletrodeposição de nanopartículas de ouro, depositando nanopartículas de ouro em calcite sintética utilizando dois métodos diferentes: eletrodeposição e eletrodeposição.[81] Explicaram que, na reação de eletrodeposição, a substituição de Ag por Au se baseia nos seus potenciais de redução. $^{+3+}$O potencial de redução padrão para o sistema Ag /Ag é de +0,767 V, enquanto o do Au /Au é de +0,995 V. [3+3+ +]Devido ao potencial de redução mais elevado do sistema Au /Au, os iões Au na calcite são reduzidos a Au, enquanto que, ao mesmo tempo, Ag é oxidado a Ag . Concluíram que era necessária uma modificação da superfície para a deposição uniforme das nanopartículas de ouro. Durante a reação de deslocamento galvânico, em que há um deslocamento da prata pelo ouro, não há controlo sobre o tamanho das nanopartículas de Au depositadas, o que leva a um tamanho de partícula maior. Além disso, a deposição electroless conduz à formação de nanopartículas de ouro uniformes, mais pequenas e bem separadas, em comparação com a reação de eletrodeposição. Concluíram que a deposição electroless é mais adequada do que a eletrodeposição para a deposição uniforme de nanopartículas de Au mais pequenas sobre calcite.[81]

Tanto os processos autocatalíticos como os processos catalisados pelo substrato contêm um agente redutor. O agente redutor actua como um catalisador para iniciar a reação química com o substrato. Na solução de hidreto de boro, o BH4 não actua como catalisador, mas os compostos intermédios de hidreto de boro formados actuam na superfície como catalisadores.[79] Os investigadores experimentaram várias composições de banho para melhorar o processo e realizá-lo em diferentes gamas de temperatura e em condições alcalinas ou ácidas, consoante o tipo de substrato utilizado.[79]

A metalização electrolítica pode ser utilizada para depositar ligas de ouro/prata. As ligas Au-Ag podem ser depositadas por adição contínua de $KAg(CN)_2$ e excesso de cianeto a um banho de ouro com borohidrogénio. [79-]As ligas Au-Cu podem ser depositadas através da adição de $Au(CN)_2$ a um banho de cobre convencional sem eletrólise.

EDTA e formaldeído. [7979] Isto resulta na deposição de cristais mistos homogéneos de cobre e ouro com formação de rede caraterística, ao contrário do Au-Cu depositado pelo método tradicional de galvanoplastia. As ligas Au-Sn podem ser depositadas com cloreto de estanho como agente redutor.[79, 82]

Okinaka e Kato também relataram ensaios para melhorar a eficiência dos banhos tradicionais de borohidreto e dimetilamina-borano (DMAB). O banho de borohidreto tradicional tem uma taxa de utilização de apenas 2-3% em condições típicas de revestimento.[78] A reação química em várias etapas é altamente dependente da manutenção de uma concentração estável de KOH. A taxa de reação aumenta à medida que a concentração de KOH diminui, mas a concentração deve permanecer acima de 0,1 M para evitar a decomposição espontânea do banho. Num banho de DMAB, a concentração de KOH também é crítica, mas em contraste com a situação do hidreto de boro. Num banho de DMAB, a taxa aumenta com a concentração de KOH. A taxa de revestimento pode ser aumentada por agitação, aumentando a concentração de ouro e a temperatura.[79] Na prática, Okinaka e Kato resumem os problemas associados à utilização de hidreto de boro e/ou DMAB da seguinte forma: a taxa de deposição é baixa; a estabilidade do banho é insuficiente; os banhos são sensíveis à contaminação por quantidades mínimas de níquel; é necessário um pH elevado e os banhos contêm cianeto livre.

A investigação efectuada por Paunovic e Sambucetti, que experimentaram diferentes banhos não cianetados, mostrou que um sistema de ligandos mistos de sulfureto-tiossulfato combinados com hipofosfato apresentou o desempenho mais satisfatório em termos de velocidade de revestimento e estabilidade do banho.

Molenaar descreveu a deposição electrolítica de ligas de ouro-cobre a partir de uma solução alcalina contendo formaldeído, cianeto de ouro e iões de cobre em ácido etilenodiaminotetracético (ETDA).[83] Molenaar estudou o facto de a oxidação do formaldeído, que fornece os electrões necessários para reduzir os iões Au, só poder ter lugar na presença de iões cianeto numa superfície contendo Cu. Esta técnica produziu depósitos contendo de 5 a 99% de ouro.[83]

Tanto a composição como a taxa de deposição de ouro são influenciadas pela composição do banho. Iacovangelo & Zarnoch descrevem a utilização de hidrazina como agente redutor numa formulação para a deposição de ouro sem electroless.[84] Demonstram que o excesso de cianeto livre pode ser utilizado para estabilizar o complexo cianeto-ouro e permitir uma deposição "catalisada pelo substrato" que não é uma deposição por imersão nem uma deposição sem electroless. Este banho permite a deposição de camadas de ouro puro a taxas iniciais elevadas, até 10 um/h, com uma estabilidade e duração excepcionais do banho.[79] Verificou-se que o ouro depositado em metais de base com um banho de hidrofosfito é poroso e que a difusão do metal do substrato na superfície do ouro ocorre facilmente. Okinaka verificou que a composição da liga de ouro-cobre podia variar entre 5,8% de ouro e 99% de ouro, variando a quantidade de $KAu(CN)_2$ no banho.[79] Quanto maior for a concentração de $KAu(CN)_2$ no banho, maior será a proporção de ouro.

Capítulo 2 **Modificação do ouro nanoporoso**

2.1 Métodos experimentais

2.1.1 ato.

As bolachas de ouro amarelo de dez quilates disponíveis no mercado (41,7% Au, 20,3% Ag e 38,0% Cu) com espessuras de 0,5 mm e 0,25 mm e as folhas de ouro de 200 nm foram cortadas com uma dimensão nominal de 2 mm x 2 mm. As bolachas cortadas/folhas de ouro foram armazenadas em ácido nítrico concentrado durante 12 h, 24 h e 48 h, respetivamente. Quando armazenadas durante 48 horas, foi adicionado ácido nítrico fresco após 24 horas. As folhas de ouro foram tratadas com um anel de platina caseiro. As placas/folhas de ouro foram cuidadosamente lavadas com água Milli-Q, seguida de etanol. Os monólitos foram secos num exsicador de vácuo até à sua utilização.

2.1.2 Recozimento térmico de monólitos de np-Au:

Os monólitos de au np secos foram recozidos num forno à temperatura desejada de 300°C durante diferentes tempos: 1h, 2h e 3h.

2.1.3 SEM e espetroscopia de raios X por dispersão de energia (EDS)

A microestrutura externa e interna dos monólitos de au np foi examinada por SEM com uma tensão de aceleração de 5 kV e uma distância de trabalho de 8 mm. A análise elementar foi efectuada utilizando o detetor EDS ligado ao SEM.

2.1.4 ImagemJ

A largura do ligamento e os espaços do interligamento (tamanho do poro) foram analisados utilizando o software de análise de imagem digital ImageJ. Para a análise, cada imagem foi dividida em quatro quartos, e foram efectuadas dez medições da largura do ligamento e dos espaços interligamentares em cada quarto.

2.2 Resultados e discussão

Para a formação de estruturas de ouro nanoporoso, as condições de desaeração são muito importantes. A forma e o tamanho dos interstícios e das bandas de np-Au dependem de uma série de factores. [341635]Estes incluem o tipo de liga e o rácio de composição, ambientes corrosivos, tempo de deposição, potencial de deposição e temperatura de deposição. A Figura 2.1A mostra a configuração típica de revestimento com um copo de ácido nítrico e a Figura 2.1B-D mostra a imagem fotográfica, a imagem SEM e o espetro EDS do np-Au após o revestimento. Neste trabalho, investigaremos os efeitos do volume de ácido nítrico, do tempo de liga, da espessura da liga e do tempo de pós-recozimento na modificação do np-Au.

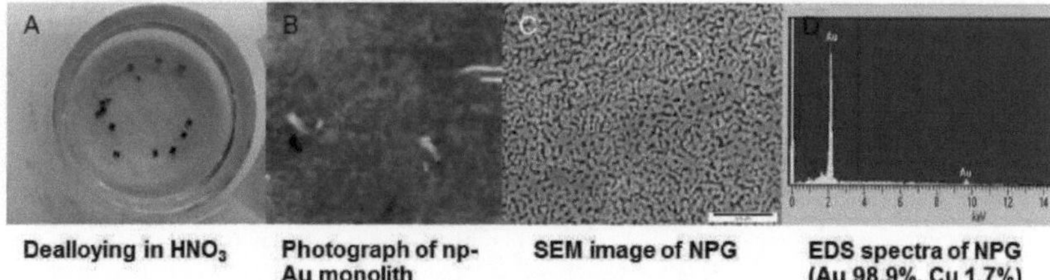

Figura 2.1. A) Instalação típica de galvanização para a produção de np-Au, B) Fotografia do NPG produzido após 48 horas de galvanização, C) Imagem SEM do np-Au e D) Espectro EDS mostrando a composição do ouro e do cobre residuais.

2.2.1 Influência do volume de ácido nítrico na estrutura do np-Au

O efeito do volume de ácido nítrico na estrutura nanoporosa foi testado através da imersão de placas de ouro em ácido nítrico, sendo cada placa imersa em 0,25 mL ou 5 mL de ácido nítrico. As imagens SEM de placas de ouro com 0,25 e 0,5 mm de espessura, imersas durante diferentes períodos em 0,25 mL/placa, são apresentadas na Figura 2.2. Como esperado, a largura dos ligamentos e os intervalos entre os ligamentos aumentaram com o aumento do tempo de deposição. [85]O tempo de deposição mais longo pode contribuir para que o ácido nítrico penetre em todo o precursor e gere tensão durante um período de tempo alargado, criando a estrutura nanoporosa 3D. No entanto, devido à metalização incompleta às 12 horas, observam-se estruturas aleatórias com bandas mais largas em algumas regiões e bandas mais pequenas noutras. Os resultados da análise elementar (Figuras 2.3 e 2.4) mostram que 0,25 ml/placa de np-Au desmetalizado não está completamente isento de cobre não nobre. Tanto para as placas de ouro de 0,25 como para as de 0,5 mm de espessura, verifica-se que, mesmo após 48 horas, quase 10% dos elementos de cobre permanecem na estrutura porosa e, até 24 horas após o revestimento, esta percentagem é superior a 10%.

Para uma remoção completa do metal de base, o volume de ácido nítrico teria de ser demasiado grande e, por isso, aumentámos o volume de tratamento de 0,25 ml/placa para 5 ml/placa.

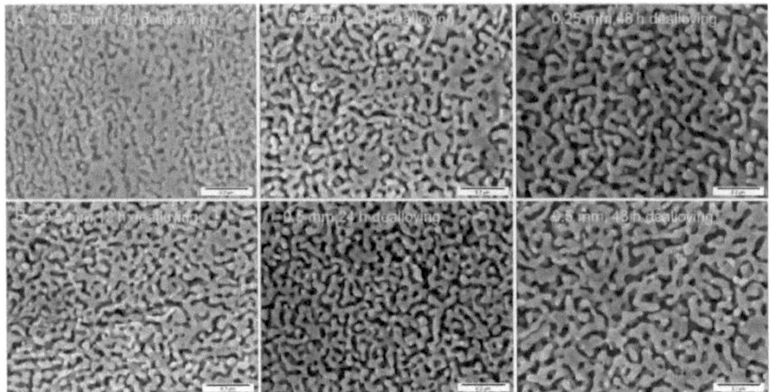

Figura 2.2. Imagens SEM da morfologia externa de monólitos de au np de duas espessuras diferentes. Série A) 0,25 mm e série B) 0,50 mm, tiradas após 12 h, 24 h e 48 h. Barra de escala = 200 nm.

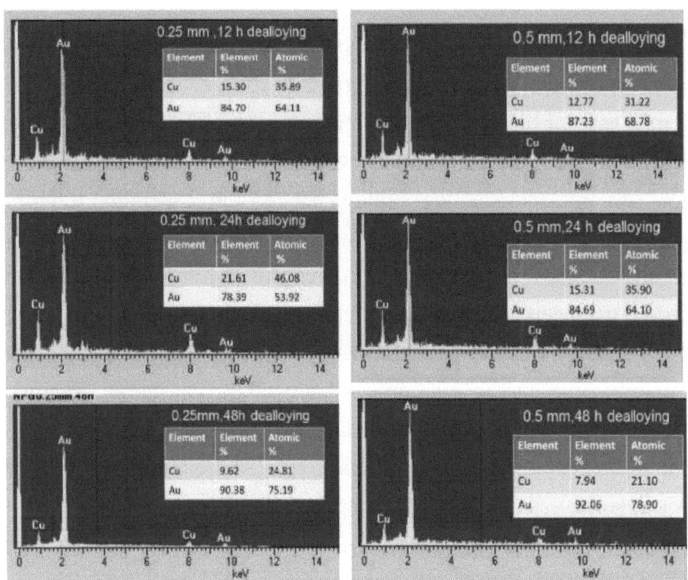

Figura 2.3 Espectros EDS e composição percentual de 0,25 mm e 0,50 mm de np-Au, armazenados em 0,25 mL de HNO3 por placa (10 placas em 2,5 mL) durante 12 h, 24 h e 48 h, respetivamente.

Ao produzir np-Au por imersão de 20 placas em 100 ml de solução em comparação com 1 placa em 100 ml de solução, não se observou qualquer alteração na estrutura ou composição, o que nos leva a concluir que 5 ml de ácido nítrico por placa é ótimo para a remoção do metal menos nobre do ouro para a produção de np-Au. A Figura 2.4 mostra a morfologia externa das placas/folhas de np-Au após a liga em 5 ml de ácido nítrico por placa. Pode ver-se claramente que quanto maior for o tempo de liga, mais largos são os ligamentos, bem como os espaços entre os ligamentos das placas e folhas, o que se deve à difusão do ouro metálico sob a carga de ácido nítrico. Também se observou que a alteração da morfologia das folhas de np-Au com 0,25 mm de espessura em comparação com 0,50 mm não é óbvia, mas em comparação com folhas de np-Au mais finas (200 nm), a largura dos ligamentos e os espaços entre as bandas alteram-se drasticamente. A morfologia interna das folhas de np-Au é mostrada na Figura 2.5. A camada muito fina da folha dificulta a realização das imagens SEM correspondentes, que são, portanto, de pouco interesse e não foram efectuadas. Os dados analisados com o ImageJ para determinar a largura dos ligamentos e os intervalos entre os ligamentos são apresentados na figura 2.6. Verifica-se que a largura dos ligamentos é geralmente maior do que os espaços entre os ligamentos. A informação mais notável é a diferença na largura dos ligamentos e no espaço entre os ligamentos entre as placas mais grossas e as folhas mais finas. A largura do ligamento das placas é de cerca de 30 nm, ao passo que as folhas de np-Au produzidas nas mesmas condições (48 horas de desalocação) têm uma largura de ligamento de cerca de 56 nm com um desvio padrão mais elevado. Do mesmo modo, os espaços entre as fitas são quase duas vezes maiores para as placas, aumentando de cerca de 18 nm para 31 nm.

A largura média do ligamento das placas de 0,5 mm desalogenadas durante 12 horas foi de 20,5 ± 5,9 nm (n = 40) e a distância média entre os ligamentos foi de 13,7 ± 3,72 nm (n = 40). Para a liga de 24 horas, a largura média do ligamento foi de 20,8 ± 6 nm (n = 40) e o tamanho do poro foi de 13,9 ± 3,7 nm (n = 40), enquanto que para a liga de 48 horas, a largura do ligamento foi de 22,24 ± 6,83 nm (n = 40) e o tamanho do poro foi de 23,13 ± 7,7 nm (n = 40). Para uma placa de 0,25 mm de espessura desalocada por 12 horas, a largura média do ligamento foi de 22,6 ± 9 nm (n = 40) e o tamanho médio dos poros foi de 15,7 ± 4,5 nm (n = 40). Após 24 horas de desarmazenamento, a largura média do ligamento foi de 27,8 ± 12,9 nm (n = 40), enquanto o tamanho médio dos poros foi de 16,3 ± 4,13 nm. No entanto, quando envelhecido durante 48 horas, a largura média do ligamento passou a ser de 30,9 ± 7,3 nm (n = 40) e o tamanho médio dos poros passou a ser de 24,2 ± 7,11 nm (n = 40). A colocação de uma folha de ouro de 200 nm durante 12 horas permite obter uma largura média do ligamento de 23,8 ± 7,44 nm (n = 40) e uma dimensão média dos poros de 19,5

± 4,5 (n = 40). Após 24 horas de liga, a largura média do ligamento foi de 38,14 ± 14,8 nm (n = 40) e o tamanho médio dos poros foi de 31,9 ± 10,13 nm (n = 40), enquanto que após 48 horas de liga, a largura média do ligamento e o tamanho médio dos poros foram de 55,6 ± 22,5 nm e 31,01 ± 10,33 nm, respetivamente (n = 40).

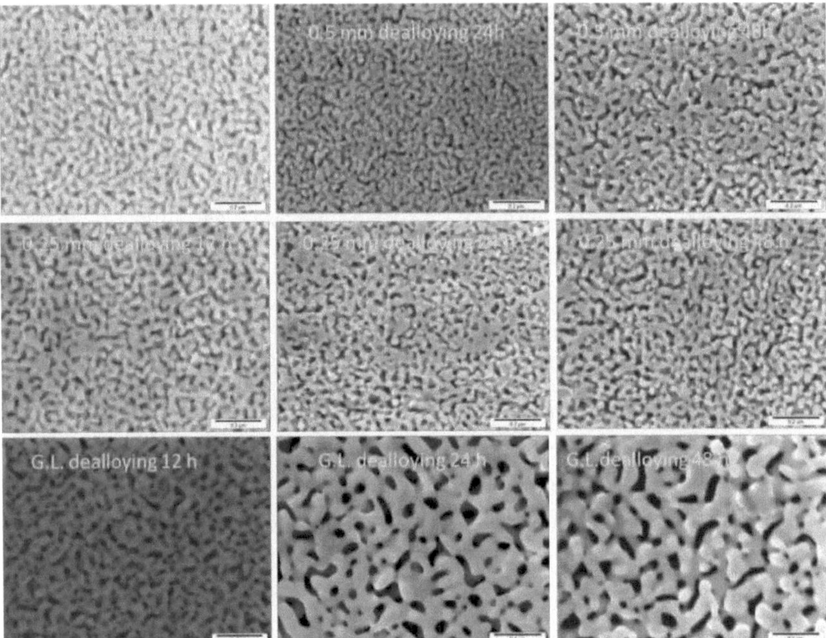

Figura 2.4 Imagens SEM do exterior de np-Au de diferentes espessuras (0,5 mm, 0,25 mm e folha de ouro (200 nm)) desalogenado em HNO3 em diferentes tempos. Ligeiras alterações na morfologia do np-Au entre 12 e 24 horas e espessuras de 0,5 mm e 0,25 mm. Todas as barras de escala = 0,2цт.

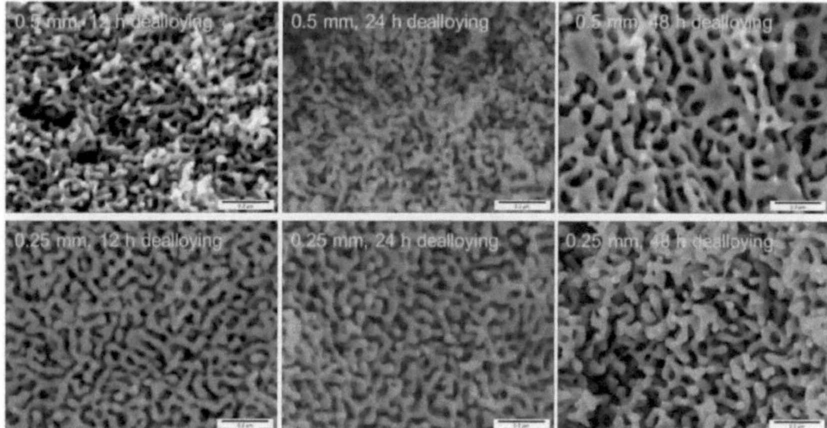

Figura 2.5: Imagens de MEV do interior de np-Au de diferentes espessuras (0,5 mm e 0,25 mm) desalogenado em 100 ml de HNO3 concentrado em diferentes tempos: 12 h, 24 h e 48 h. Todas as barras de escala = 0,2цт.

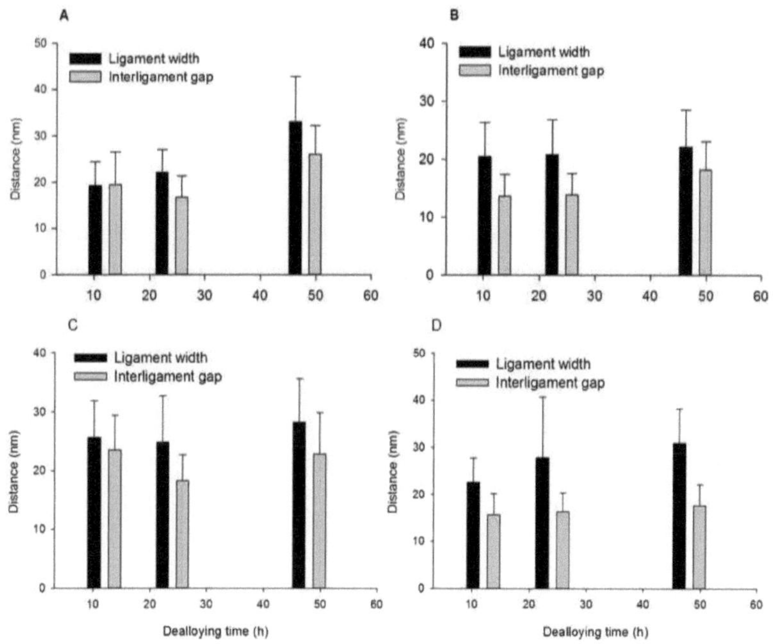

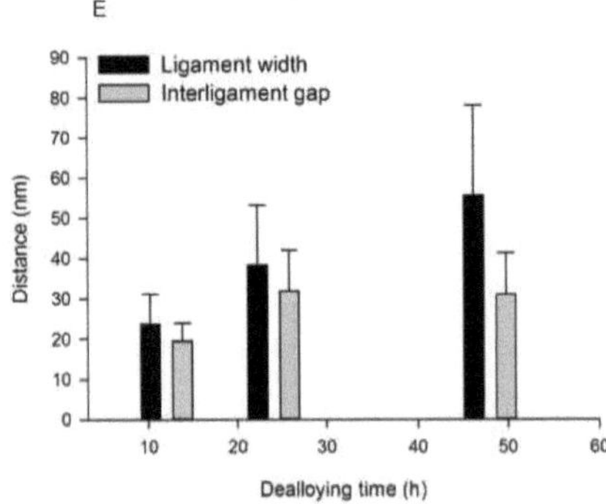

Figure 2.6 Histograma que mostra alterações na largura do ligamento e no espaço interligamentar de 0,5 mm (A, B), 0,25 (C, D) e 200 nm de espessura (E) de np-Au após 12, 24 e 48 horas. (A, C) Análise interna e (B, D, E) Análise externa

Figure 2.7 representa os espectros EDS do np-Au obtidos a partir de placas com 0,25 e 0,5 mm de espessura. Ao contrário do np-Au preparado com 0,25 ml de ácido nítrico por placa, 5 ml de ácido nítrico por placa removeram mais de 97% dos elementos menos nobres em 12 horas. Estes resultados mostram que o excesso de volume de ácido nítrico é crucial para a remoção dos metais menos nobres. Quando o volume em excesso está presente, o
O tempo de desmetalização pode ser drasticamente reduzido, sem deixar de remover corretamente os metais de base. No caso da folha de ouro (Figura 2.8), não é detetável qualquer cobre nas 12 horas seguintes ao revestimento. Como a folha foi depositada num vidro, os sinais de fundo de Na, O, Si e K provêm do vidro. Curiosamente, quanto mais longa for a liga de np-Au, mais permeável se torna a folha ao feixe de electrões, de modo que a relação de intensidade entre o silício e o ouro é inferior a 1 às 12 horas, próxima de 1 às 24 horas e superior a 1 às 48 horas.

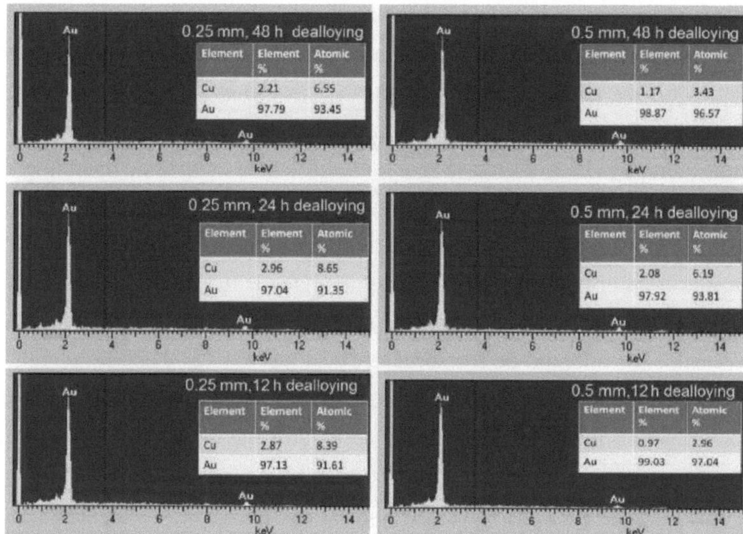

Figura 2.7 Espectros EDS e percentagens de composição de 0,25 mm e 0,5 mm
monólitos de np-Au, que foram armazenados em HNO3 durante 12 h, 24 h e 48 h.

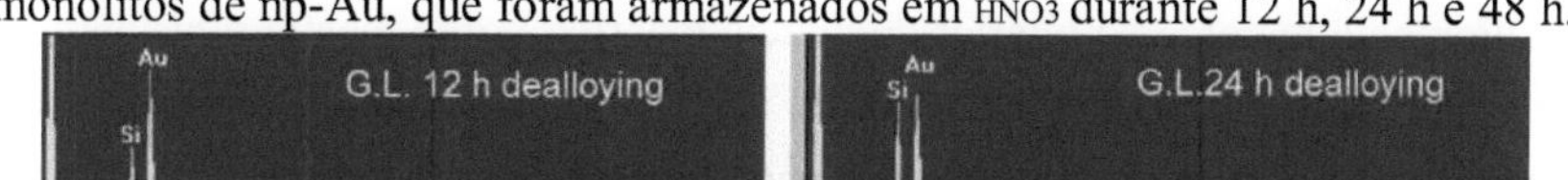

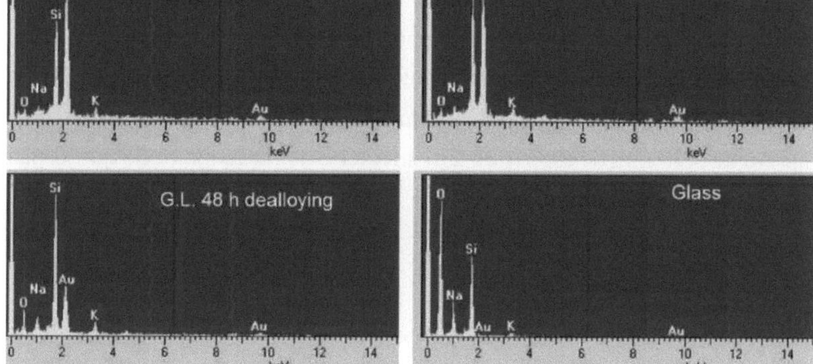

Figura 2.8 Espectros EDS da folha de ouro armazenada durante 12 h, 24 h e 48 h em HNO3. O canto inferior direito mostra os espectros EDS do vidro (branco).

2.2.2 Recozimento térmico

O recozimento térmico facilita o ajuste da largura de banda e do espaçamento entre bandas dos monólitos de np-Au.[40, 42] Um estudo de np-Au recozido a 200, 300 e 400°C mostrou que o recozimento altera significativamente a espessura das camadas e o tamanho médio dos poros. A 300°C, formam-se aglomerados de Au claramente identificáveis e o tamanho dos poros aumenta drasticamente. Para estabelecer uma comparação entre a largura dos ligamentos e o espaço entre os ligamentos da estrutura externa e interna, examinámos np-Au de diferentes espessuras (0,5 mm, 0,25 mm) e lâminas de ouro fabricadas a 300°C em diferentes tempos (12 h, 24 h e 48 h) e com diferentes tempos de recozimento (1 h, 2 h e 3 h). A Figura 2.9 mostra imagens SEM de np-Au com 0,5 mm de espessura, fabricado em diferentes tempos de envelhecimento e recozimento. Foi demonstrado anteriormente que quanto maior for o tempo de desalinhamento, mais largos serão os ligamentos e maior será a distância entre eles, enquanto que quanto maior for o tempo de recozimento, de 1 a 3 h, mais a estrutura começa a fundir-se em algumas áreas e a formar uma estrutura plana, enquanto que noutras áreas começam a formar-se ligamentos mais finos devido à difusão dos átomos de ouro dessa área. A Figura 2.10 mostra imagens de secções transversais de np-Au produzidas nas mesmas condições que na Figura 2.9. As imagens da secção transversal mostram as fissuras que ocorreram durante a preparação da amostra e, em geral, a largura dos ligamentos e os espaços entre os ligamentos eram ligeiramente maiores no interior do que no exterior, como mostra o histograma da Figura 2.11. No entanto, o interior do np-Au mostrou um efeito de fusão mais fraco do que o exterior, tanto para tempos de desaeração como de recozimento mais elevados. Uma tendência semelhante foi observada para as placas de np-Au de 0,25 mm de espessura, como mostram as Figuras 2.12, 2.13 e 2.14. As placas de np-Au de 0,25 mm de espessura têm um efeito de fusão maior do que as placas de 0,25 mm de espessura.

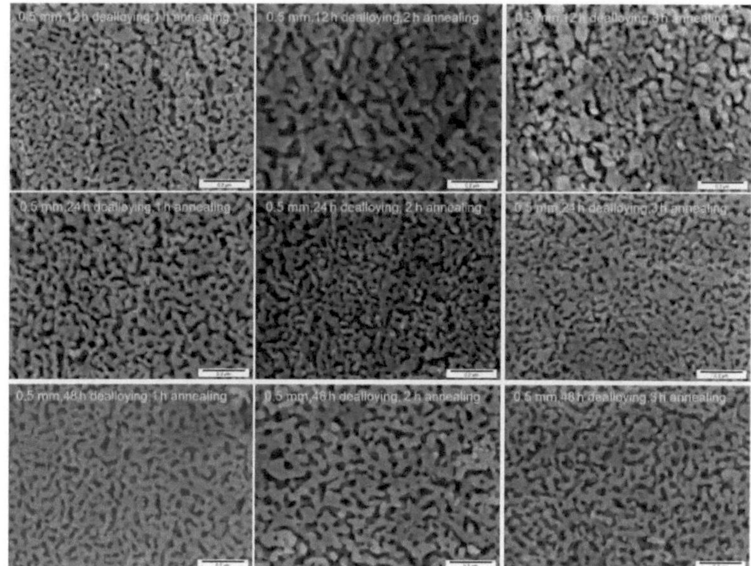

Figura 2.9 Imagens de MEV da morfologia externa da placa de np-Au de 0,5 mm de espessura, ligada por diferentes tempos. Primeira série, 12 h de dealloying; segunda série, 24 h de dealloying; e terceira série, 48 h de dealloying e recozimento por diferentes tempos: primeira coluna, 1 h; segunda coluna, 2 h; e terceira coluna, 3 h. Todas as barras de escala = 0,2цт.

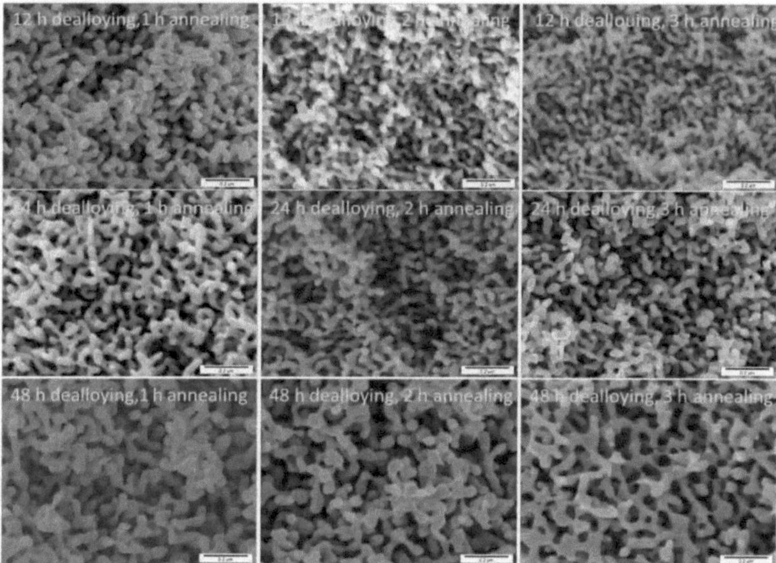

Figura 2.10 Imagens SEM de secções transversais de np-Au com 0,5 mm de espessura, obtidas por envelhecimento em diferentes tempos: primeira fila, 12 h;

segunda fila, 24 h; e terceira fila, 48 h, seguido de recozimento em diferentes tempos: primeira coluna, 1 h; segunda coluna, 2 h; e terceira coluna, 3 h. Todas as barras de escala = 0,2цт.

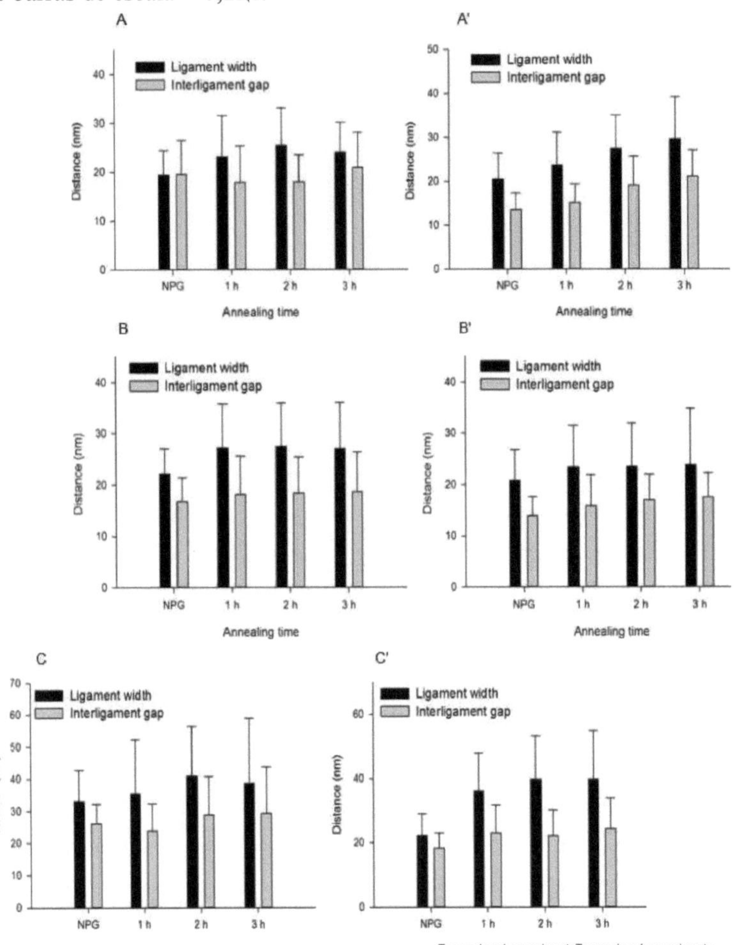

Figura 2.11. Histogramas que mostram a variação da largura dos ligamentos e espaços entre tiras de np-Au de 0,5 mm de espessura produzidas por envelhecimento durante 12 h (A, A'), 24 h (B, B') e 48 h (C, C') após recozimento a 300°C durante diferentes tempos (1 h, 2 h e 3 h). A, B e C: análise interna; A', B' e C': análise externa.

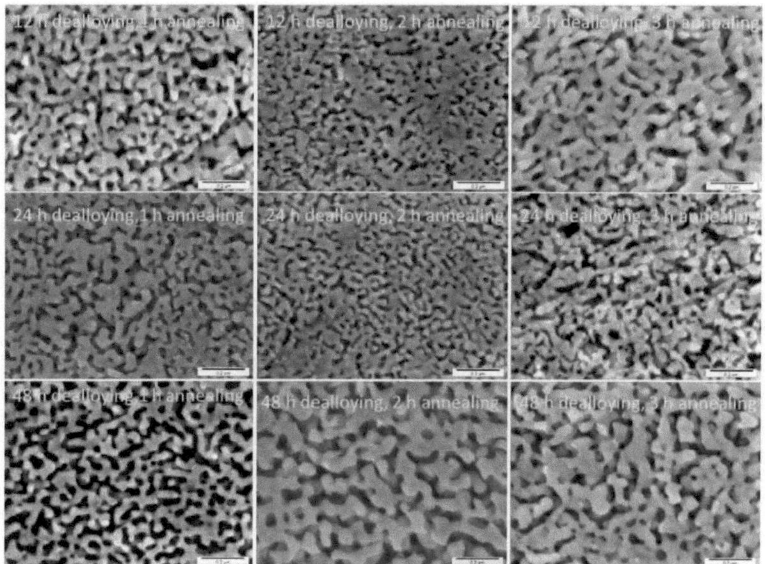

Figura 2.12 MEV do exterior de np-Au de 0,25 mm de espessura, recozido em diferentes tempos: primeira série de 12 h de recozimento, segunda série de 24 h de recozimento e terceira série de 48 h de recozimento e recozido em diferentes tempos: primeira coluna, 1 h de recozimento; segunda coluna, 2 h de recozimento; e terceira coluna, 3 h de recozimento. Todas as barras de escala = 0,2цт.

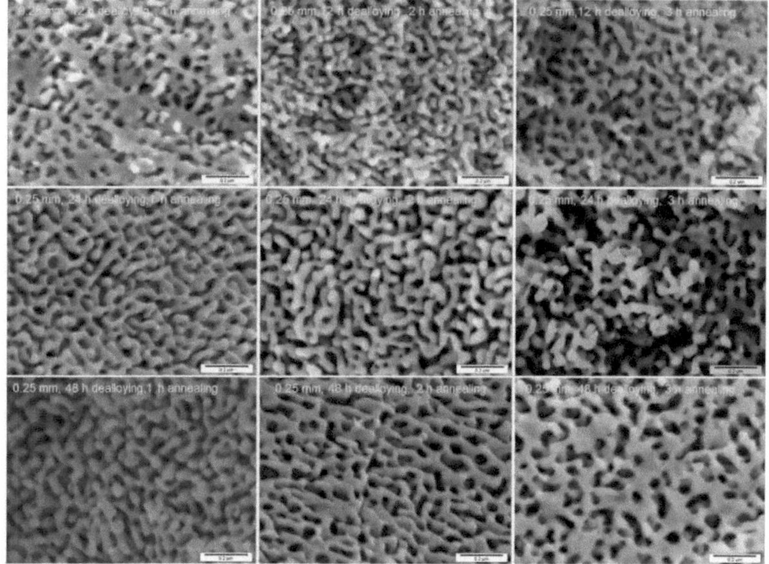

Figura 2.13 SEM do interior do np-Au de 0,25 mm de espessura, que foi

desalogenado em diferentes tempos; primeira corrida, desalogenado por 12 h; segunda corrida, desalogenado por 24 h; e terceira corrida, desalogenado por 48 h e recozido em diferentes tempos: primeira coluna, recozido por 1 h; segunda coluna, recozido por 2 h; e terceira coluna, recozido por 3 h. Todas as barras de escala = 0,2цт.

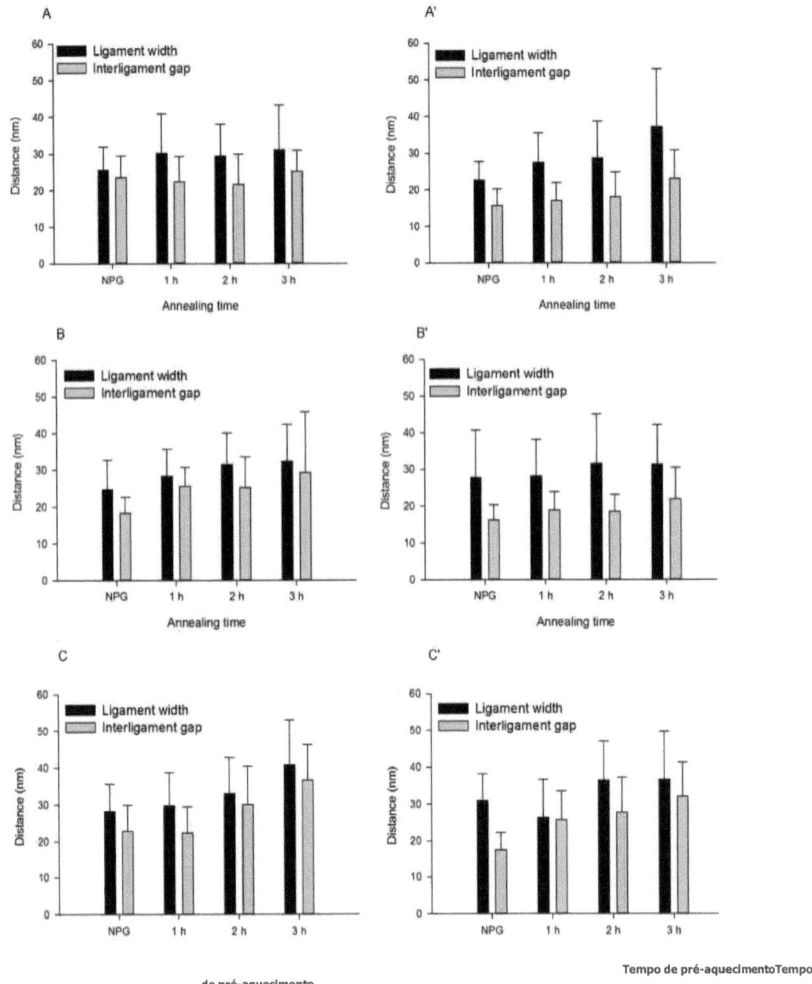

Figura 2.14 Histogramas mostrando a variação da largura dos ligamentos e dos espaços entre os ligamentos do np-Au de 0,25 mm de espessura preparado por envelhecimento por 12 horas (A, A'), 24 horas (B, B') e 48 horas (C, C') após recozimento a 300°C por diferentes períodos (1 h, 2 h e 3 h). A, B e C: análise interna; A', B' e C': análise externa.

As alterações na largura dos ligamentos e os espaços entre os ligamentos são mais visíveis nas imagens SEM quando as folhas de ouro são finas (ver figura 2.15). Quando a liga

48 horas e um tempo de recozimento de uma hora ou mais a 300°C, apenas uma única camada é visível. Se o tempo de dessoldagem for de 12 ou 24 horas, uma única camada de np-Au é visível dentro de 2 horas após o recozimento. É também muito óbvio que quanto maior for o tempo de liga e de recozimento, mais a largura dos ligamentos e os espaços entre as tiras aumentam drasticamente. A Figura 2.16 mostra a análise baseada no ImageJ das larguras dos ligamentos e dos espaços entre as bandas.

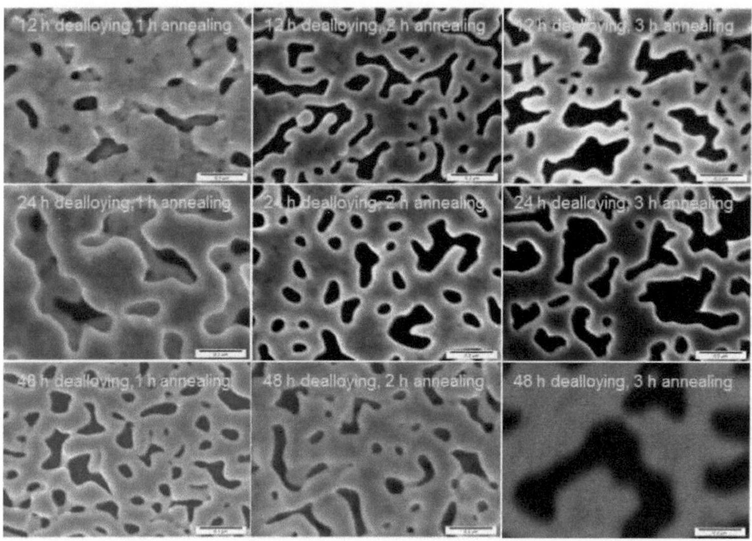

Figura 2.15 MEV do exterior de np-Au de 200 nm de espessura, desalogenado em diferentes tempos: primeira série, 12 h de desalogenação; segunda série, 24 h de desalogenação; e terceira série, 48 h de desalogenação e recozido em diferentes tempos: primeira coluna, 1 h de recozimento; segunda coluna, 2 h de recozimento; e terceira coluna, 3 h de recozimento. Todas as barras de escala = 0,2цт.

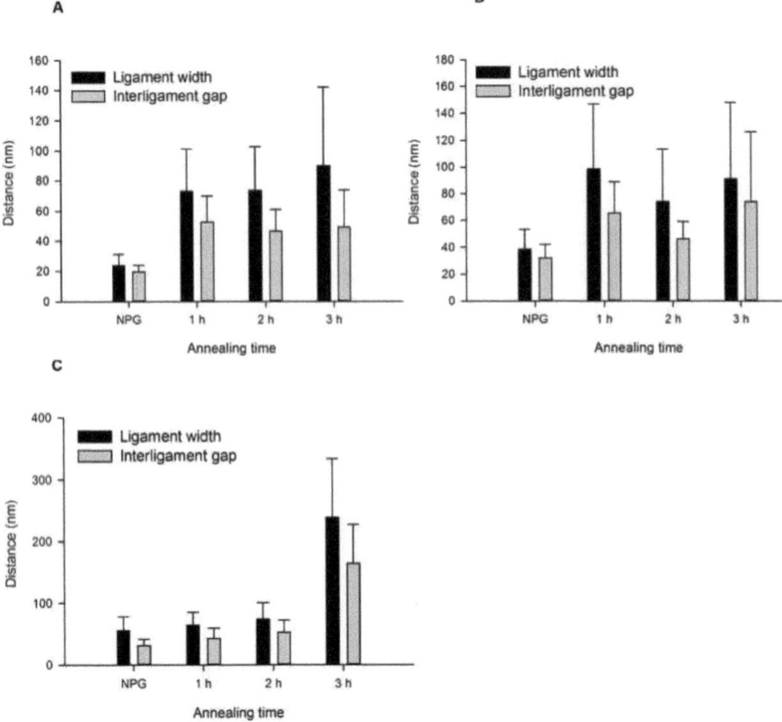

Figura 2.16 Histogramas que mostram a variação da largura dos ligamentos e dos espaços entre os ligamentos a 300°C em função da duração da camada de 200 nm de espessura. A: deposição de 12 horas, B: deposição de 24 horas e C: deposição de 48 horas.

2.3 Conclusões

Tanto a duração como a força da solução de revestimento são factores importantes na produção de np-Au. Os resultados mostram que o excesso de volume de ácido nítrico é crucial para a remoção dos metais menos nobres. Ao fornecer o volume em excesso, o tempo de revestimento pode ser drasticamente reduzido, ao mesmo tempo que se removem corretamente os metais menos nobres. Verificou-se que 5 ml de ácido nítrico por placa é ótimo para a remoção de metais não preciosos do ouro para a produção de np-Au. Tanto o tempo de desaeração como o tempo de recozimento têm um forte impacto na largura dos ligamentos e nos espaços entre as tiras. Estes aumentam drasticamente com a exposição prolongada. A largura dos ligamentos e os espaços entre os ligamentos dos monólitos de np-Au podem ser facilmente ajustados por recozimento térmico. Estudos de np-Au recozido a 200, 300 e 400°C mostraram que o recozimento altera significativamente a espessura da camada e o tamanho médio dos poros. A 300°C, formam-se aglomerados distintos de Au e o tamanho dos poros aumenta drasticamente. No entanto, o interior do np-Au mostra um efeito de fusão menos significativo do que o exterior, tanto para tempos de liga mais longos como para tempos de recozimento. A largura dos ligamentos e o espaço entre os ligamentos aumentam com o tempo de dessoldagem. O aumento do tempo de recozimento de 1 para 3 horas causa problemas estruturais. A estrutura começa a fundir-se em algumas áreas e a formar estruturas planas, enquanto noutras áreas se formam ligamentos mais finos à medida que os átomos de ouro se difundem para fora da área.

As diferenças na morfologia das folhas de np-Au com uma espessura de quase 0,25 mm em comparação com 0,50 mm não eram óbvias, mas em comparação com a folha de np-Au mais fina (200 nm), as larguras de banda e as distâncias de interligação mudaram radicalmente.

Capítulo 3 Estudo da libertação de fluoresceína a partir de np-Au modificado 3.1 Métodos experimentais

1.1.1 Deposição química de uma liga de ouro/prata sobre np-Au

[79]A galvanização electrolítica do np-Au foi realizada de acordo com a receita de Okinaka, que utiliza $KAu(CN)_2$ como precursor do ouro, $KAg(CN)_2$ como precursor da prata, NaCN para melhorar a ductilidade da galvanização, KOH para tornar a solução de galvanização fortemente básica e NaBH4 como agente redutor. A composição da mistura para a galvanização electrolítica foi preparada de acordo com a tabela seguinte e diluída por um fator de 10.[79]

Quadro 3-1 Componentes do banho de revestimento químico.

Componentes	Concentrações (M)	Massa molar (g/mol)	Massa (mg)
KAu(CN)2	0.026	288.11	187
KAg(CN)2	0.007	199.01	34.8
NaCN	0.010	49.01	12.3
KOH	0.200	56.11	280.6
NaBH4	0.200	37.80	189.2

Após o envelhecimento durante 48 horas e o recozimento durante 2 horas a 300°C, foi depositada uma camada de 0,25 mm de espessura por galvanização. A electroless plating foi efectuada a 80°C durante 1 minuto e 5 minutos, tendo as peças sido lavadas três vezes com água Mill-Q e depois com etanol. Quando as peças estavam secas, foram colocadas em HNO3 durante 30 minutos para remover seletivamente a prata do ouro. As placas foram então lavadas três vezes com água Mill-Q, seguida de etanol. As placas foram armazenadas sob vácuo até à sua posterior utilização para carregamento de fluoresceína ou caraterização.

1.1.2 Carga de fluoresceína em monólitos de np-Au e np-Au modificado

Os monólitos de ouro nanoporoso com ou sem modificação foram carregados com 50 цЬ de solução de sal de sódio de fluoresceína (concentração de 10 mM em 50 mL) em condições estáticas ou de fluxo. No método estático, a fluoresceína foi incubada durante 16 h em 50 цЬ de solução de sal de sódio de fluoresceína num tubo de microcentrifugação à temperatura ambiente sem exposição à luz, envolvendo-a com uma película. No método de fluxo contínuo, foi utilizada uma bomba peristáltica para encher a fluoresceína nos monólitos da célula de fluxo contínuo. O caudal foi mantido a 0,2 ml/min e 5 ml de solução de sal de sódio de fluoresceína circularam através da célula de fluxo durante 30 minutos. As placas carregadas de fluoresceína foram então lavadas três vezes durante 10 s com água Milli-Q para eliminar quaisquer moléculas de fluoresceína remanescentes da superfície exterior das amostras.

1.1.3 Monitorização UV-Vis da libertação de fluoresceína

A libertação de moléculas de fluoresceína do monólito de ouro nanoporoso para a solução tampão foi monitorizada utilizando um espetrofotómetro UV-Vis (Cary 500), que mede a absorção da solução num comprimento de onda de 515 nm.

3.2 Resultados e discussão

3.2.1 Deposição química de uma liga de ouro/prata sobre np-Au

A figura 3.1 mostra uma instalação interna para a deposição electrolítica de uma liga de ouro/prata sobre np-Au. Consiste num banho de água numa placa de aquecimento e num banho de borohidreto num tubo de microcentrifugação preso numa extremidade por uma tampa de Teflon e imerso na outra extremidade num banho de água. Um termómetro é imerso no banho de água para medir a temperatura. A placa de np-Au é imersa no banho de borohidreto para a deposição electrolítica e a temperatura é mantida para acelerar a reação.

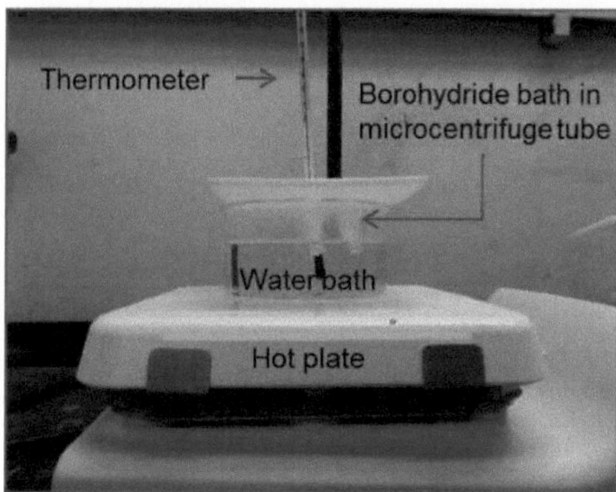

Figura 3.1 Estrutura do revestimento sem corrente

Para utilizar o np-Au como um substrato capaz de absorver uma grande quantidade de fármacos e libertá-los de forma controlada ou lenta, deve ter uma grande área de superfície com aberturas mais pequenas. O próprio np-Au pode absorver uma grande quantidade de moléculas de fármacos, mas a libertação para o ambiente local é mais rápida. Aqui, tentámos modificar a abertura da superfície da np-Au sem perturbar a sua estrutura interna.

A figura 3.2 A mostra uma imagem SEM do monólito de np-Au após 5 minutos de deposição electroless da liga de ouro/prata. Pode ver-se que, após cinco minutos de deposição sem electroless, todos os poros e bandas de np-Au estão cobertos pela liga de ouro/prata. A figura 3.2 A é uma imagem em corte transversal do mesmo np-Au mostrando todos os poros e bandas de np-Au. A figura 3.2 B é a imagem SEM após 24 horas de deposição electroless em ácido nítrico. Pode ver-se que a superfície revestida está quase completamente aberta, uma vez que o depósito fino foi desalimentado durante muito tempo e forma uma estrutura fundida aleatoriamente. Discutimos este tipo de efeito no capítulo anterior. Também observámos algumas alterações nos poros iniciais do monólito de np-Au, que se devem a uma combinação de diferentes efeitos, tais como um tempo adicional de liga de 24 horas, o calor utilizado durante a deposição electroless e a liga depositada. As bandas e os poros ainda são visíveis na secção transversal, mas a largura das bandas e o espaçamento entre as bandas aumentaram, o que se deve provavelmente ao maior tempo de desmetalização. Por esta razão, o tempo de precipitação foi reduzido para 30 minutos para reduzir o efeito de difusão da estrutura de ouro depositada e precipitada.

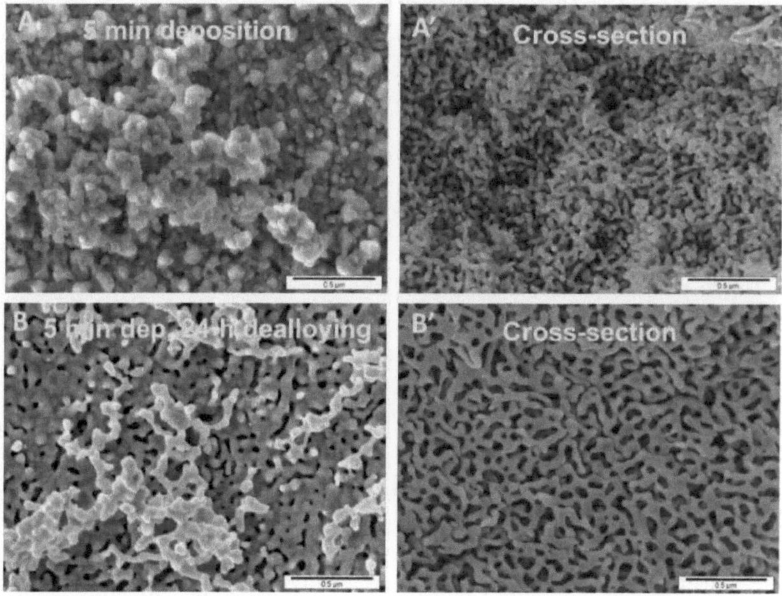

Figura 3.2 Imagem SEM da placa de np-Au após 5 minutos de deposição sem tensão
da liga. Todas as barras de escala = 0,5цт.

A Figura 3.3 mostra imagens SEM do np-Au após 1 e 5 minutos de deposição da liga e 30 minutos de cura. As imagens das secções transversais correspondentes também são mostradas. É possível observar que a estrutura não apresenta bandas e poros totalmente visíveis após 5 minutos de deposição e 30 minutos de desmetalização, mas alguns poros ainda são visíveis. No entanto, após 1 minuto de deposição e 30 minutos de desmetalização do monólito de np-Au, os poros e os ligamentos são claramente visíveis. Por outro lado, as estruturas internas de ambos têm um aspeto semelhante. Estes monólitos de np-Au depositados quimicamente durante 1 e 5 minutos e desalocados durante 30 minutos proporcionam a estrutura desejada para o carregamento do fármaco, pelo que o seu tempo de libertação do fármaco é comparado com o do np-Au não modificado utilizando a fluoresceína como modelo.

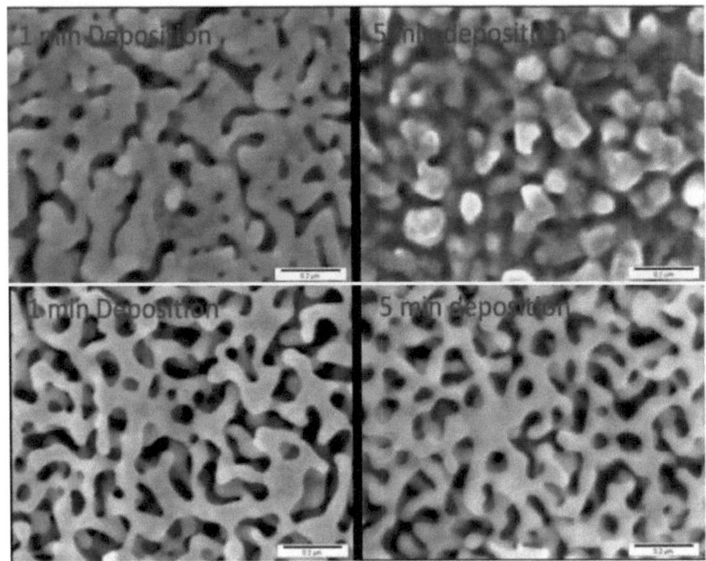

Figura 3.3 Imagens SEM do np-Au modificado, preparado em **dois casos: esquerda:** deposição durante 1 min a 80°C + 30 min de liga e **direita:** deposição durante 5 min a 80°C + 30 min de liga. Campo superior: exterior e campo inferior: interior. Todas as escalas
Barra = 0,2цт.

3.2.2 Carregamento com fluoresceína e quantificação

A fluoresceína é introduzida na np-Au e na np-Au modificada principalmente por dois métodos: o método estático e o método de fluxo. No método estático, a np-Au e a np-Au modificada são simplesmente imersas na solução de fluoresceína, ao passo que no método de fluxo, é utilizada uma bomba peristáltica para forçar a solução de fluoresceína através das estruturas. A estrutura do método de fluxo é ilustrada na Figura 3.4.

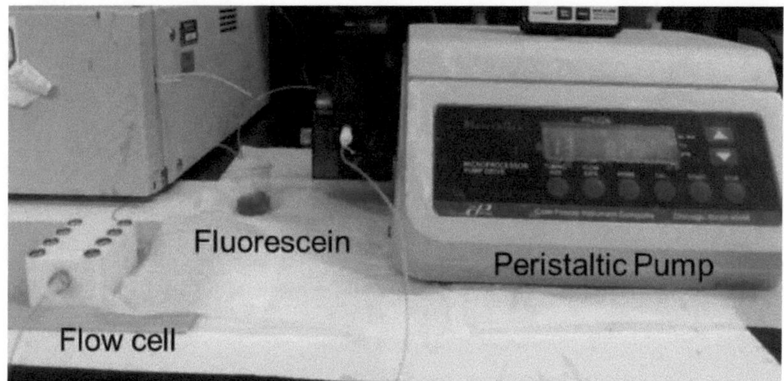

Figura 3.4 Estrutura do fluxo de fluoresceína através de estruturas de np-Au colocado na célula de circulação.

3.2.3 Estudo da libertação de fluoresceína do np-Au

Devido às suas propriedades únicas, o ouro nanoporoso tem um grande potencial para ser utilizado como transportador de moléculas. Recentemente, Polata e Seker estudaram a libertação de moléculas de fluoresceína (uma pequena molécula substituta de um medicamento) do np-Au.[86-87] Estudaram a capacidade de carga e a cinética de libertação das estruturas de np-Au devido às interações interfaciais dos iões halogenetos e à monocamada auto-organizadora produzida na superfície do np-Au.

Aqui realizamos um trabalho semelhante, mas controlamos a abertura do np-Au por deposição química de uma liga de ouro-prata, seguida de desalocação para carregar e libertar fluoresceína em função do tempo. O perfil de libertação do monólito de np-Au, com ou sem modificação, foi monitorizado através da recolha de amostras do meio tampão em momentos específicos e da quantificação da intensidade da fluoresceína (emissão a X = 515 nm) utilizando um espetrofotómetro UV-Vis. O meio tampão era constituído por 2,67 mM de KCl, 1,47 mM de fosfato de potássio monobásico (H2KD 4P), 8,06 mM de fosfato de sódio dibásico (Na2HPO4) e 136,9 mM de cloreto de sódio (NaCl), dissolvidos em 500 ml de água Milli-Q. O monólito de ouro nanoporoso carregado com fluoresceína foi colocado em 300 l de meio tampão na cuvete para medição UV-Vis. O espetrómetro UV-Vis e o computador a ele ligado são apresentados na figura 3.5.

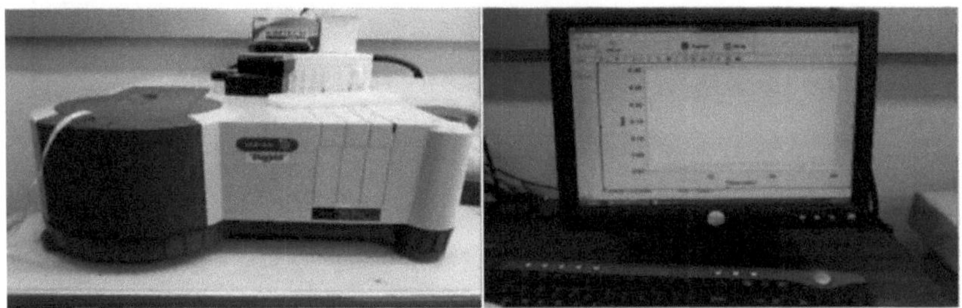

Figura 3.5 Espectrofotómetro UV-Vis e computador ligados para estudar a libertação de fluoresceína do np-Au

As moléculas de fluoresceína podem absorver luz na gama visível. Inicialmente, a solução tampão de fosfato tem absorção zero. medida que a fluoresceína é libertada da au np para a solução tampão, a absorção de luz pela solução começa a aumentar. A figura 3.7 mostra a libertação de fluoresceína para o tampão a partir de amostras carregadas em estática e em fluxo. No método estático, é possível observar que a fluoresceína é libertada mais rapidamente do np-Au do que do np-Au modificado. No entanto, a intensidade da absorvância foi saturada em 20 minutos para todas as amostras, o que também significa que o np-Au modificado não carregou fluoresceína suficiente devido ao tamanho mais pequeno dos poros na superfície. No entanto, se a fluoresceína for carregada pelo método de fluxo, a absorvância é saturada a 0,2805 unidades de absorvância para np-Au, o que é duas vezes mais elevado do que com o método estático. No entanto, a fluoresceína é libertada mais rapidamente e a saturação é rapidamente atingida. A libertação lenta da molécula pode ser observada para as ligas de np-Au depositadas durante 1 e 5 minutos pelo aumento da absorção em 30 minutos. Estas experiências mostram claramente que a modificação do np-Au por deposição electroless de uma liga Au/Ag, seguida de uma deposição de 30 minutos e de uma carga baseada em fluxo, são factores importantes para melhorar o sistema de libertação de substâncias activas utilizando o substrato de np-Au.

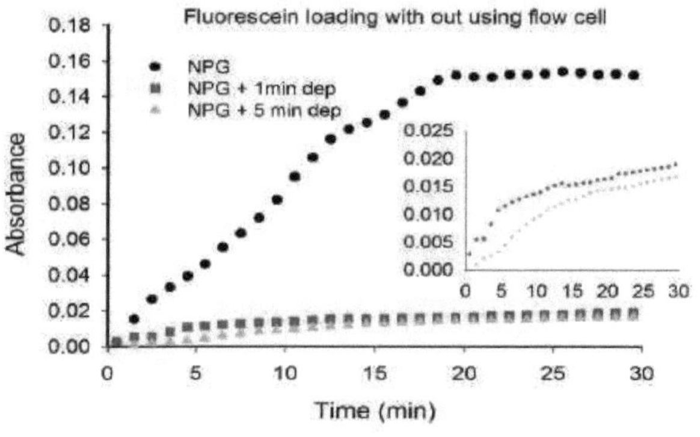

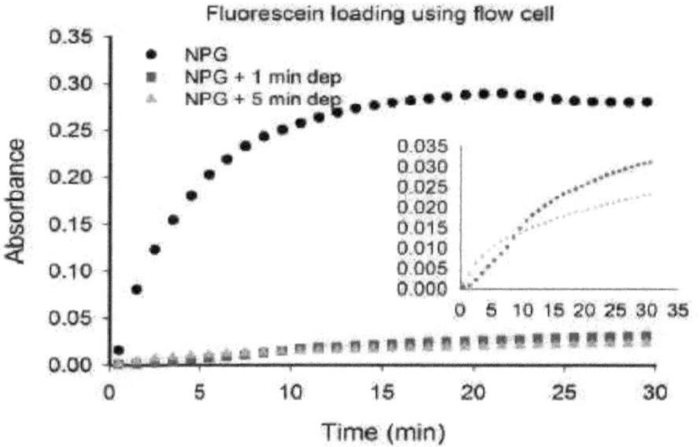

Figura 3.6 Gráficos que mostram a libertação de fluoresceína do np-Au em função do tempo. A imagem superior mostra que a fluoresceína foi carregada em condições estáticas, a imagem inferior mostra que a fluoresceína foi carregada com uma célula de fluxo contínuo.

3.3 Conclusões

No método estático, a fluoresceína é libertada mais rapidamente da np-Au do que da np-Au modificada. No entanto, verificou-se que a intensidade de absorção foi saturada em 20 minutos para todas as amostras, o que também significa que o np-Au modificado não libertou fluoresceína suficiente devido ao tamanho mais pequeno dos poros na superfície.

No entanto, se a fluoresceína for carregada utilizando o método de fluxo, a absorvância satura a 0,2805 unidades de absorvância para np-Au, o que é duas vezes mais elevado do que com o método estático. No entanto, a taxa de libertação de fluoresceína é mais rápida e a saturação é rapidamente atingida.

Estas experiências demonstram claramente que a modificação do np-Au por deposição electroless de uma liga de Au/Ag seguida de 30 minutos de metalização, bem como a carga baseada em fluxo, são factores importantes para melhorar o sistema de libertação de substâncias activas utilizando um substrato de np-Au.

Referências

1. Sun, I.-W. ; Chen, P.-Y., Nanoporous Gold in Sensor Applications. Em *Nanoporous Gold,* 2012; p. 224-247.

2. Ahn, S.; Lee, J.; Kim, H.; Kim, J., A Study on the Quantitative Determination of Through-Coating Porosity in Pvd-Grown Coatings. *Applied Surface Science* **2004,** *233* (1), 105-114.

3. Li, C. ; Dag, O. ; Dao, T. D. ; Nagao, *T ;* Sakamoto, Y. ; Kimura, T. ; Terasaki, O. ; Yamauchi, Y., Síntese eletroquímica de filmes de ouro mesoporosos para propriedades ópticas estimuladas pelo mesoespaço. *Nature Communications* **2015,** *6.*

4. Ding, C.; Li, H.; Hu, K.; Lin, J.-M., Imunoensaio Eletroquímico do Antigénio de Superfície da Hepatite B pela Amplificação de Nanopartículas de Ouro com Base no Elétrodo de Ouro Nanoporoso. *Talanta* **2010,** *80* (3), 1385-1391.

5. Shulga, O. V. ; Zhou, D. ; Demchenko, A. V. ; Stine, K. J., Deteção de antigénio específico da próstata livre (Fpsa) numa plataforma de ouro nanoporoso. *Analyst* **2008,** *133* (3), 319-322.

6. Zhu, A. ; Tian, Y. ; Liu, H. ; Luo, Y., Nanoporous Gold Film Encapsulating Cytochrome C for the Fabrication of a H 2 O 2 Biosensor. *Biomaterials* **2009,** *30* (18), 3183-3188.

7. Tan, Y. H. ; Schallom, J. R. ; Ganesh, N. V. ; Fujikawa, K. ; Demchenko, A. V. ; Stine, K. J., Characterization of Protein Immobilization on Nanoporous Gold Using Atomic Force Microscopy and Scanning Electron Microscopy. *Nanoscale* **2011,** *3* (8), 3395-3407.

8. Pandey, B.; Tan, Y. H.; Fujikawa, K.; Demchenko, A. V.; Stine, K. J., Estudo comparativo da ligação da concanavalina a monocamadas auto-montadas contendo uma face A-Manno tiolada em ouro plano e nanoporoso. *Jornal de química de hidratos de carbono* **2012,** *31* (4-6), 466-503.

9. Ju, H., Estratégia de biossensorização sensível baseada em nanomateriais funcionais. *Science Chine Chimie* **2011,** *54* (8), 1202-1217.

10. Yu, F.; Ahl, S.; Caminade, A.-M.; Majoral, J.-P.; Knoll, W.; Erlebacher, J., Excitação simultânea de ressonância plasmónica de superfície localizada e em propagação em membranas de ouro nanoporosas. *Analytische Chemie* **2006,** *78* (20), 7346-7350.

11. Bok, H.-M.; Shuford, K. L.; Kim, S.; Kim, S. K.; Park, S., Multiple Surface Plasmon Modes for a Colloidal Solution of Nanoporous Gold Nanorods and Their Comparison to Smooth Gold Nanorods. *Nano Letters* **2008,** *8* (8), 2265-2270.

12. Ji, C. ; Searson, P. C., Síntese e caraterização de nanofios de ouro nanoporosos. *The Journal of Physical Chemistry B* **2003,** *107* (19), 4494-4499.

13. Wittstock, A. ; Zielasek, V. ; Biener, J. ; Friend, C. ; Baumer, M., Nanoporous Gold Catalysts for Selective Gas-Phase Oxidative Coupling of Methanol at Low Temperature. *Ciência* **2010,** *327* (5963), 319-322.

14. Xu, C.; Su, J.; Xu, X.; Liu, P.; Zhao, H.; Tian, F.; Ding, Y., Oxidação de Co a baixa temperatura sobre ouro nanoporoso sem suporte. *Journal of the American Chemical Society* **2007,** *129* (1), 42-43.

15. Jiang, J.; Li, Y.; Liu, J.; Huang, X.; Yuan, C.; Lou, X. W. D., Avanços recentes no design de arquitetura de eléctrodos à base de óxido metálico para armazenamento eletroquímico de energia. *Materiais Avançados* **2012,** *24* (38), 5166-5180.

16. Ding, Y.; Kim, Y. J.; Erlebacher, J., Nanoporous Gold Leaf: "Ancient Technology"/Advanced Material. *Materiais Avançados* **2004,** *16* (21), 1897-1900.

17. Whitesides, G. M.; Mathias, J. P.; Seto, C. T. *Molecular Self-Assembly and Nanochemistry: A chemical strategy for the synthesis of nanostructures*; Documento DTIC: 1991.

18. Pokropivny, V.; Skorokhod, V., Classificação de nanoestruturas por dimensionalidade e conceito de formas de superfície Engenharia na ciência dos nanomateriais. *Ciência e Tecnologia dos Materiais: C* **2007,** *27* (5), 990-993.

19. Bhattarai, J. K. Síntese eletroquímica de filmes nanoestruturados de metais nobres para biossensores. Universidade de Missouri-St. Louis, **2014**.

20. Zhang, L.; Lang, X.; Hirata, A.; Chen, M., Filmes de ouro nanoporoso enrugado com aumento ultra-elevado da dispersão Raman com superfície melhorada. *ACS nano* **2011,** *5* (6), 4407-4413.

21. Lefebvre, L.-P.; Banhart, J.; Dunand, D., Porous Metals and Metallic Foams: Current Status and Recent Developments. *Materiais de Engenharia Avançada* **2008,** *10* (9 de setembro), 775-787.

22. Kim, M.-S.; Nishikawa, H., Fabrico de prata nanoporosa e alteração microestrutural após a desalocação de Al-20 fundido em %Ag em ácido clorídrico. *Jornal de Ciência dos Materiais* **2013,** *48* (16), 5645-5652.

23. Qi, Z. ; Zhao, C. ; Wang, X. ; Lin, J. ; Shao, W. ; Zhang, Z. ; Bian, X., Formação e caraterização de cobre nanoporoso monolítico por desalinhamento químico de ligas Al-Cu. *Zeitschrift für Physikalische Chemie C* **2009,** *113* (16), 6694-6698.

24. Liu, W.; Zhang, S.; Li, N.; Zheng, J.; Xing, Y., Influência do constituinte da fase e proporção nas ligas iniciais de Al-Cu na formação de cobre nanoporoso monolítico por liga química em solução alcalina. *Ciência da Corrosão* **2011,** *53* (2), 809-814.

25. Dan, Z.; Qin, F.; Sugawara, Y.; Muto, I.; Hara, N., Fabricação de cobre nanoporoso por desalocação de ligas amorfas binárias de Ti-Cu em soluções de ácido fluorídrico. *Intermetálicos* **2012,** *29*, 1420.

26. Liu, W.; Zhang, S.; Li, N.; An, S.; Zheng, J., Formação de Cobre Nanoporoso Monolítico com Área de Superfície Específica Ultraelevada através de Liga Química de Liga Mg-Cu. *Int. J. Electrochem. Sci.* **2012,** *7*, 9707-9716.

27. Chamoun, M.; Hertzberg, B. J.; Gupta, T.; Davies, D.; Bhadra, S.; Van Tassell, B.; Erdonmez, C.; Steingart, D. A., ânodos de espuma de zinco nanoporoso hiper-dendrítico. *NPG Asia Materials* **2015,** *7* (4), e178.

28. Adkins, H. ; Billica, H. R., The Preparation of Raney Nickel Catalysts and Their Use under Conditions Comparable with Those for Platinum and Palladium Catalysts. *Journal of the American Chemical Society* **1948,** *70* (2), 695-698.

29. Hodge, A. M. ; Hayes, J. R. ; Caro, J. A. ; Biener, J. ; Hamza, A. V., Characterization and

Mechanical Behavior of Nanoporous Gold. *Materiais Técnicos Modernos* **2006,** *8* (9), 853-857.

30. Erlebacher, J. ; Aziz, M. J. ; Karma, A. ; Dimitrov, N. ; Sieradzki, K., Evolution of Nanoporosity in Dealloying. *Nature* **2001,** *410* (6827), 450-453.

31. Detsi, E. ; Van De Schootbrugge, M. ; Punzhin, S. ; Onck, P. ; De Hosson, J., On Tuning the Morphology of Nanoporous Gold. *Scripta Materialia* **2011,** *64* (4), 319-322.

32. Okman, O., Nanoporous gold: Mechanics of fabrication and actuation. **2012**.

33. Snyder, J. ; Asanithi, P. ; Dalton, A. B. ; Erlebacher, J., Stabilized Nanoporous Metals by Dealloying Ternary Alloy Precursors. *Materiais Avançados* **2008,** *20* (24), 4883-4886.

34. Huang, J. F.; Sun, I. W., Fabrico e funcionalização da superfície de ouro nanoporoso por liga/desligação eletroquímica de Au-Zn em líquido iónico e a auto-montagem de monocamadas de L-cisteína. *Materiais Funcionais Avançados* **2005,** *15* (6), 989-994.

35. Qian, L.; Chen, M., Ultrafine Nanoporous Gold by Low-Temperature Dealloying and Kinetics of Nanopore Formation. *Applied Physics Letters* **2007,** *91* (8), 083105.

36. Detsi, E.; Punzhin, S.; Rao, J.; Onck, P. R.; De Hosson, J. T. M., Enhanced Strain in Functional Nanoporous Gold com uma estrutura de escala de comprimento microscópico duplo. *Acs Nano* **2012,** *6* (5), 3734-3744.

37. Kertis, F. ; Snyder, J. ; Govada, L. ; Khurshid, S. ; Chayen, N. ; Erlebacher, J., Structure/Processing Relationships in the Fabrication of Nanoporous Gold. *Jom* **2010,** *62* (6), 50-56.

38. Sharma, A.; Bhattarai, J. K.; Alla, A. J.; Demchenko, A. V.; Stine, K. J., Recozimento Eletroquímico de Ouro Nanoporoso por Aplicação de Varreduras de Potencial Cíclico. *Nanotecnologia* **2015,** *26* (8), 085602.

39. Detsi, E. ; De Jong, E. ; Zinchenko, A. ; Vukovic, Z. ; Vukovic, I. ; Punzhin, S. ; Loos, K. ; Ten Brinke, G. ; De Raedt, H. ; Onck, P., On the Specific Surface Area of Nanoporous Materials. *Ata Materialia* **2011,** *59* (20), 7488-7497.

40. Tan, Y. H.; Davis, J. A.; Fujikawa, K.; Ganesh, N. V.; Demchenko, A. V.; Stine, K. J., Área de Superfície e Caraterísticas de Tamanho de Poros de Ouro Nanoporoso Sujeito a Modificação Térmica, Mecânica ou de Superfície Estudadas Usando Isotermas de Adsorção de Gás, Voltametria Cíclica, Análise Termogravimétrica e Microscopia Eletrónica de Varrimento. *Journal of Materials Chemistry* **2012,** *22* (14), 6733-6745.

41. Von Blanckenhagen, P.; Gobel, H., A Low Temperature Leed Study of the Au (110) Surface. *surface science* **1995,** *331*, 1082-1084.

42. Seker, E. ; Gaskins, J. T. ; Bart-Smith, H. ; Zhu, J. ; Reed, M. L. ; Zangari, G. ; Kelly, R. ; Begley, M. R., The Effects of Post-Fabrication Annealing on the Mechanical Properties of Freestanding Nanoporous Gold Structures. *Ata Materialia* **2007,** *55* (14), 4593-4602.

43. Biener, J. ; Wittstock, A. ; Zepeda-Ruiz, L. ; Biener, M. ; Zielasek, V. ; Kramer, D. ; Viswanath, R. ; Weissmuller, J. ; Baumer, M. ; Hamza, A., Surface-Chemistry-Driven Actuation in Nanoporous Gold.
Materiais Naturais **2009,** *8* (1), 47-51.

44. Biener, J.; Nyce, G. W.; Hodge, A. M.; Biener, M. M.; Hamza, A. V.; Maier, S. A.,

Nanoporous Plasmonic Metamaterials. *Materiais Avançados* **2008,** *20* (6), 1211-1217.

45. Ahn, W.; Roper, D. K., Periodic nanoplating by selective deposition of electric-free gold island films on particle-lithographed dimethyldichlorosilane layers. *ACS nano* **2010,** *4* (7), 4181-4189.

46. Mansfield, E.; Tyner, K. M.; Poling, C. M.; Blacklock, J. L., Determinação de revestimentos de superfície de nanopartículas e pureza de nanopartículas usando análise termogravimétrica em microescala. *Analytische Chemie* **2014,** *86* (3), 1478-1484.

47. Tappan, B. C. ; Steiner, S. A. ; Luther, E. P., Espumas metálicas nanoporosas. *Angewandte Chemie International Edition* **2010,** *49* (27), 4544-4565.

48. Gelb, L. D.; Gubbins, K., Characterization of Porous Glasses: Simulations models, adsorption isotherms and the Brunauer-Emmett-Teller analysis method. *Langmuir* **1998,** *14* (8), 2097-2111.

49. Joyner, L. G.; Barrett, E. P.; Skold, R., The Determination of Pore Volume and Area Distributions in Porous Substances. Ii. Comparação entre o método da isoterma de azoto e o método do porosímetro de mercúrio.
Journal of the American Chemical Society **1951,** *73* (7), 3155-3158.

50. Vesel, A.; Junkar, I.; Cvelbar, U.; Kovac, J.; Mozetic, M., Surface Modification of Polyester by Oxygen- and Nitrogen-Plasma Treatment. *Surface and Interface Analysis* **2008,** *40* (11), 1444-1453.

51. Gutowski, W. V.; Dodiuk, H., *Recent Advances in Adhesion Science and Technology in Honor of Dr. Kash Mittal.* CRC Press: **2013**.

52. Ron, H.; Rubinstein, I., Alkanethiol-Monolayers on Preoxidized Gold. Encapsulamento de óxido de ouro sob uma monocamada orgânica. *Langmuir* **1994,** *10* (12), 4566-4573.

53. Hou, X.; Guo, W.; Xia, F.; Nie, F.-Q.; Dong, H.; Tian, Y.; Wen, L.; Wang, L.; Cao, L.; Yang, Y., Um nanocanal biomimético sensível ao potássio: mudança conformacional do ADN G-Quadruplex num nanoporo sintético. *Journal of the American Chemical Society* **2009,** *131* (22), 7800-7805.

54. Sebby, K.; Mansfield, E., Determinação da densidade superficial de polietilenoglicol em nanopartículas de ouro usando análise termogravimétrica em microescala. *Química Analítica e Bioanalítica* **2015,** *407* (10), 2913-2922.

55. Tan, Y. H.; Fujikawa, K.; Pornsuriyasak, P.; Alla, A. J.; Ganesh, N. V.; Demchenko, A. V.; Stine, K. J., Interações Lectina-Carbohidrato em Monólitos de Ouro Nanoporosos. *Novo Jornal de Química* **2013,** *37* (7), 2150-2165.

56. Collinson, M. M., Eléctrodos de ouro nanoporoso e suas aplicações em química analítica. *ISRN Analytische Chemie* **2013,** *2013.*

57. Lefebvre, L.-P. ; Banhart, J. ; Dunand, D., Porous Metals and Metallic Foams: Current Status and Recent Developments. *Materiais de Engenharia Avançada* **2008,** *10* (9), 775-787.

58. Seker, E.; Reed, M. L.; Begley, M. R., Nanoporous Gold: Fabrication, Characterization, and Applications. *Matériaux* **2009,** *2* (4), 2188-2215.

59. Stine, K. J. ; Jefferson, K. ; Shulga, O. V., Nanoporous Gold for Enzyme Immobilization. *Estabilização e Imobilização de Enzimas: Métodos e Protocolos* **2011**, 67-83.

60. Weissmuller, J.; Viswanath, R.; Kramer, D.; Zimmer, P.; Wurschum, R.; Gleiter, H., Charge-Induced Reversible Strain in a Metal. *Science* **2003,** *300* (5617), 312-315.

61. Wang, S. ; Kristian, N. ; Jiang, S. ; Wang, X., Controlled Synthesis of Dendritic Au@ Pt CoreShell Nanomaterials for Use as an Effective Fuel Cell Electrocatalyst. *Nanotecnologia* **2008,** *20* (2), 025605.

62. Yan, X.; Meng, F.; Xie, Y.; Liu, J.; Ding, Y., Células de combustível diretas N2h4/H2o2 alimentadas por folhas de ouro nanoporosas. *Scientific Reports* **2012,** *2*, 941.

63. Pornsuriyasak, P.; Ranade, S. C.; Li, A.; Parlato, M. C.; Sims, C. R.; Shulga, O. V.; Stine, K. J.; Demchenko, A. V., Stics: Surface-Tethered Iterative Carbohydrate Synthesis. *Chemische Mitteilungen* **2009,** (14), 1834-1836.

64. Ganesh, N. V.; Fujikawa, K.; Tan, Y. H.; Nigudkar, S. S.; Stine, K. J.; Demchenko, A. V., Síntese Iterativa de Carbohidratos Ligados à Superfície: Um Estudo de Espaçador. *O Jornal de Química Orgânica* **2013,** *78* (14), 6849-6857.

65. Zeis, R. ; Lei, T. ; Sieradzki, K. ; Snyder, J. ; Erlebacher, J., Catalytic Reduction of Oxygen and Hydrogen Peroxide by Nanoporous Gold. *Zeitschrift für Katalyse* **2008,** *253* (1), 132-138.

66. Yin, H.; Zhou, C.; Xu, C.; Liu, P.; Xu, X.; Ding, Y., Oxidação aeróbica de D-glucose num suporte de ouro nanoporoso livre. *Das Journal der Physikalischen Chemie C* **2008,** *112* (26), 9673-9678.

67. Deronzier, T.; Morfin, F.; Lomello, M.; Rousset, J.-L., Catalysis on Nanoporous Gold-Silver Systems: Synergistic Effects towards Oxidation Reactions and Influence of the Surface Composition. *Journal of Catalysis* **2014,** *311*, 221-229.

68. Hu, K.; Lan, D.; Li, X.; Zhang, S., Electrochemical DNA Biosensor Based on Nanoporous Gold Electrode and Multifunctional Encoded DNA- Au Bio Bar Codes. *Analytische Chemie* **2008,** *80* (23), 9124-9130.

69. Guo, M.-m.; Zhou, C.-h.; Xia, Y.; Huang, W.; Li, Z., Deteção não enzimática ultrassensível de glicose em película de ouro nanoporosa revestida a Ni (Oh) 2 com dois pares de mediadores de electrões.
Electrochimica Ata **2014,** *142*, 351-358.

70. Xiao, X.; Li, H.; Pan, Y.; Si, P., Sensores de glicose não enzimáticos baseados em nanohíbridos nanoporosos controláveis de ouro/óxido de cobre. *Talanta* **2014,** *125*, 366-371.

71. Yan, M.; Jin, T.; Ishikawa, Y.; Minato, T.; Fujita, T.; Chen, L.-Y.; Bao, M.; Asao, N.; Chen, M.-W.; Yamamoto, Y., Catalisador de Ouro Nanoporoso para Semi-hidrogenação Altamente Selectiva de Alcinos: Efeito Notável dos Aditivos de Amina. *Jornal da Sociedade Americana de Química* **2012,** *134* (42), 17536-17542.

72. Qiu, H.; Xu, C.; Huang, X.; Ding, Y.; Qu, Y.; Gao, P., Imobilização de Laccase em Ouro Nanoporoso: Estudos Comparativos sobre as Estratégias de Imobilização e os Efeitos do Tamanho das Partículas. *Das Journal der Physikalischen Chemie C* **2009,** *113* (6), 2521-2525.

73. Wu, C.; Liu, X.; Li, Y.; Du, X.; Wang, X.; Xu, P., Eletrodo modificado de biocomposto de ouro nanoporoso com lipase para deteção confiável de triglicerídeos. *Biossensores e Bioelectrónica* **2014,** *53*, 2630.

74. Kurtulus, O.; Daggumati, P.; Seker, E., Libertação molecular de filmes finos de ouro nanoporoso padronizados. *Nanoscale* **2014,** *6* (12), 7062-7071.

75. Schlesinger, M., Electroless Deposition of Nickel. *Moderne Galvanotechnik* **2000,** *4*, 667-684.

76. Porter, L. A.; Choi, H. C.; Ribbe, A. E.; Buriak, J. M., Controlled Electroless Deposition of Noble

Filmes de nanopartículas metálicas em superfícies de germânio. *Nano letters* **2002,** *2* (10), 1067-1071.

77. Okinaka, Y.; Sard, R., Electroless coating process. Google Patents: 1974.

78. Okinaka, Y.; Kato, M., Electroless Deposition of Gold. *Modern Electroplating, Fifth Edition* **2010**, 483-498.

79. Okinaka, Y., Electroless *Plating of Gold and Gold Alloys*. Cambridge Univ. Press: **1990**.

80. Magagnin, L.; Maboudian, R.; Carraro, C., Gold Deposition by Galvanic Displacement on Semiconductor Surfaces: Influence of the substrate on the adhesion. *Zeitschrift für Physikalische Chemie B* **2002,** *106* (2), 401-407.

81. Srikanth, C. K.; Jeevanandam, P., Comparação dos métodos de deposição galvânica e electroless para a deposição de nanopartículas de ouro em calcite sintética. *Boletim de Ciência dos Materiais* **2012,** *35* (6), 939-946.

82. Stuart, M. C., The Development of a Gold-Based Activator for Autocatalytic Plating. *Boletim do Ouro* **1979,** *12* (2), 58-61.

83. Molenaar, A., Autocatalytic Deposition of Gold-Copper Alloys (Deposição Autocatalítica de Ligas de Ouro-Cobre). *Journal of The Electrochemical Society* **1982,** *129* (9), 1917-1921.

84. Iacovangelo, C.; Zarnoch, K., Substrate-Catalyzed Electroless Gold Plating. *Journal of the Electrochemical Society* **1991,** *138* (4), 983-988.

85. Qiu, H.-J.; Peng, L.; Li, X.; Xu, H.; Wang, Y., Usando a corrosão para fabricar várias estruturas metálicas nanoporosas. *Ciência da Corrosão* **2015,** *92*, 16-31.

86. Polat, O.; Seker, E., Libertação de moléculas com halogenetos de filmes finos de ouro nanoporoso. *The Journal of Physical Chemistry C* **2015,** *119* (44), 24812-24818.

87. Polat, O.; Seker, E., Efeito das interações superfície-molécula na capacidade de carga molecular de filmes finos de ouro nanoporoso. *O Jornal de Química Física C* **2016,** *120* (34), 19189-19194.

Figura 0.1 Classificação das nanoestruturas de acordo com as suas dimensões. Reprodução autorizada da referência 19.

As estruturas nanoporosas dos metais caracterizam-se pela sua condutividade única, pela sua elevada bem como a capacidade de absorver ou dispersar a luz, uma vez que os metais preciosos amplificam fortemente o campo ótico.[20] São também úteis para aplicações térmicas, tais como permutadores de calor, dissipadores de calor e tubos de calor.[1, 21] Exemplos comuns de metais fabricados em forma nanoporosa são o ouro, a prata, o cobre e o zinco. Normalmente, o processo de produção de metais nanoporosos começa com uma liga metálica, um cristal ou um vidro, do qual um (ou mais) dos componentes menos nobres é depois removido por processos químicos ou electroquímicos. Kim & Nishikawa descrevem o fabrico de prata nanoporosa a partir de uma liga de Al-Ag fundida, utilizando uma solução de ácido clorídrico para remover o alumínio e criar uma estrutura nanoporosa de Ag uniforme.[22] Do mesmo modo, Qi et al. descrevem a formação de cobre nanoporoso através da remoção de alumínio de ligas Al2Cu ou AlCu utilizando uma solução aquosa de NaOH ou HCl.[23] Qi et al. mostraram que o cobre nanoporoso monolítico (NPC) pode ser produzido por liga química de ligas Al-Cu com uma gama de composição de 33-50 at%.

Printed by Books on Demand GmbH, Norderstedt / Germany